家庭与传承

小学高段

潘席龙　祖强 ◎ 主编

联合出品方

西南财经大学财商研究中心　华西证券投资者教育基地

 西南财经大学出版社

图书在版编目（CIP）数据

家庭与传承:小学高段/潘席龙,祖强主编.—成都:西南财经大学出版社,
2019.9（2019.11 重印）
ISBN 978-7-5504-4129-3

Ⅰ.①家…　Ⅱ.①潘…②祖…　Ⅲ.①家庭管理—财务管理—少儿读物
Ⅳ.①TS976.15-49

中国版本图书馆 CIP 数据核字（2019）第 192030 号

家庭与传承（小学高段）

JIATING YU CHUANCHENG XIAOXUE GAODUAN

潘席龙　　祖强　主编

总　策　划:李玉斗
策划编辑:何春梅
责任编辑:周晓琬
封面设计:冯单单
插画设计:刘玥延　谢莹
责任印制:朱曼丽

出版发行	西南财经大学出版社（四川省成都市光华村街 55 号）
网　　址	http://www.bookcj.com
电子邮件	bookcj@ foxmail.com
邮政编码	610074
电　　话	028-87353785
印　　刷	四川新财印务有限公司
成品尺寸	170mm×230mm
印　　张	10.25
字　　数	119 千字
版　　次	2019 年 9 月第 1 版
印　　次	2019 年 11 月第 2 次印刷
书　　号	ISBN 978-7-5504-4129-3
定　　价	48.00 元

国民金融教育之青少年五德财商系列教材
编委会

专家个人简介

1. 曾康霖

教育部人文社会科学重点研究基地中国金融研究中心名誉主任，中国金融学会常务理事和学术委员会委员，四川省金融学会副会长，四川省人民政府学位委员会委员，国务院政府特殊津贴获得者；1994 年被"英国剑桥国际名人传记中心"载入《国际名人传记词典》，2013 年度获得"中国金融学科终身成就奖"。

2. 郑晓满

四川省证券期货业协会会长，四川省上市公司协会常务副会长，四川金融学会理事，中国证券业协会自律协调委员会副主任。

3. 刘锡良

教育部人文社会科学重点研究基地中国金融研究中心名誉主任，长江学者特聘教授，国务院参事室金融研究中心研究员，教育部经济学教学指导委员会委员，中国金融教材编审委员会主任，中国金融学会常务理事和学术委员会委员，四川省人民政府科技顾问团顾问，四川省金融学会常务理事，享受国务院政府特殊津贴。

4. 杨炯洋

华西证券股份有限公司董事、法定代表人、总裁，成都市政府参事，中国证券业协会投资银行委员会委员，资深投资银行专家。

5. 王擎

教育部人文社会科学重点研究基地中国金融研究中心主任，入选 2011 年教育部"新世纪优秀人才支持计划"、四川省学术与技术带头人，四川省有突出贡献专家，2013 年全国金融教育先进工作者，四川省世界经济协会理事，四川省科技青年联合会常务理事，全国金融系统青年联合会委员，中国金融学年会理事。

6. 杜伟

四川师范大学副校长，享受国务院政府特殊津贴专家、教育部新世纪优秀人才计划人选，教育部文化素质教学指导委员会委员，四川省学术与技术带头人，四川省有突出贡献优秀专家；主持完成国家及省级课题 20 余项；多项成果获国家和省级奖励，其中，教学成果奖 14 项。

7. 钟樱

成都市金沙小学校长，第五届全国教育改革创新杰出校长，四川省特级教师，四川省优秀共产党员，四川省家庭教育先进个人，成都市政府督学，成都市劳动模范；多次荣获国家级各类奖项，出版专著多部。

8. 张显国

天府第四中学校长，全国杰出德育工作者，成都市特级教师，成都市首批未来教育家，四川师范大学硕士研究生导师；主持主研国家、省、市级课题 6 项，获得教育部首届基础教育国家级教学成果二等奖、中国教育学会优秀科研成果一等奖、四川省人民政府第四届教学成果一等奖。

序一

五德财商：国际视野与中国智慧的结合

正所谓"开门七件事，柴米油盐酱醋茶"，生命的存在与发展离不开基本的物质和资源。而人们赖以生存、发展的物质又千差万别、多种多样，因此能交换几乎所有资源的一般等价物——货币就非常重要了，它是我们日常交换衣、食、住、用、行必须具备的东西，所以人们常说"钱不是万能的，但没有钱是万万不能的"。那么，"钱"到底是什么？从哪里来？该用到何处去？应该如何正确看待？物质财富与人生幸福又有怎样的关系？探究和回答这些问题，正是我们出版"国民金融教育之青少年五德财商系列教材"的初衷——探讨关于财富的智慧，也就是财商。

当今世界，随着社会经济的迅速发展，财经理论和实践的不断演进，世界各国创造了数不胜数的金融思想、金融工具和市场规则。这就要求我们每个人、每个家庭、每个企业甚至政府，都必须具备一定的金融素养和财经智慧，也就是必须有"财商"，这样才能更好地应对日益复杂的经济金融环境。

那么"财商"究竟是什么意思呢？现代意义上的"财商"一词，由美国作家兼企业家罗伯特·T.清崎和莎伦·L.莱希特在《富爸爸穷爸爸》系列丛书中首次提出，意为"财务智商"，即管理财务、创造财富的智商。这一概念在进入中国后，学术界和实务界虽从不同维度开展了大量的研究和探索，但到目前为止，各界仍未能就"财商"的概念与内涵达成共识。

人类赖以生存的地球环境和资源是公共的，这是全人类创造和使用财富的基础，所以不同的个体或组织在经济活动中必然相互影响、彼此作用，既可能存在冲突，也可能形成合作。因此，财富的创造和使用，不仅仅是个人行为，也不只是个别家庭的行为，而是社会行为。学习财商的目的，就是要学会思考在创造人生财富、实现人生幸福的过程中，怎样才能找到能同时善待自己、他人、社会和环境的最优解决方案，以避免不必要的冲突，争取最广泛的合作，从而降低行为成本，进一步提高行为效率。因此，财商绝不只是经济学的概念，它还涉及哲学、社会学、伦理学和心理学等多学科的内容，是一门综合性极强的学科。

纵观目前国内财商教育相关的出版物和课程，我们发现其中绝大部分直接沿用了当前美国、英国和日本等国家的财商教育内容与体系。虽然这些国家现代意义上的财商学起步较早，发展也较完善，但不同国家在文化、伦理、哲学等方面的差异是不容忽视的，因此只有将我们自己的国情、文化和社会价值观等内容有机融入，才能构建适合我国实际情况和历史文化特点的财商学体系。

事实上，现代意义上的"财商"虽是外来词，但财商的内涵却早已植根于我们的传统文化之中，并有着十分准确和精练的表述。两千多年前的《易经·坤卦》里，我们的祖先就讲"君子以厚德载物"，阐明了"德"与"物"的关系；而《国语·晋语六》里也提出，"唯厚德者能受多福，无福而服者众，必自伤也"；唐朝名相张说在其《钱本草》中，则从中医五行生克和药性理论的角度，为金钱列出了"七性"，生动地阐释了金钱的基本特征。纵观我国历代对"财富"和"金钱"的讨论，可以发现其中一个共同之处，即认为"德"为"物"之基，厚德方能载物。

秉承这一核心理念，可知财商不同于财经"知识"或"技能"，其根本应为财德，是一种正确认识、看待、获取和使用财富的智慧。而智慧，不同于智力或知识。例如，智力或知识使人类具备了发明原子弹的能力，但阻止人类使用原子弹所依靠的却不是这种能力，而是懂得如何平衡各国利益、促进共同发展、避免冲突与战争的智慧。人类运用智力开发了大量金融工具，其中有些工具的威力不亚于原子弹。如 2008 年，次级债的财务杠杆就给全球带来了金融海啸。而指导人们如何正确使用这些工具，需要的却是财经智慧，也就是财商。例如，商业银行体系发明了利用财务杠杆赚取利润的机制，为各商业银行无限扩大财务杠杆提供了可能性，但《巴塞尔协议》系列文件，对商业银行过分扩大财务杠杆危及全球金融安全做出了限制。

因此财商讨论的，不只是财经知识，也不只是使用金融工具的财经技能，而是从财经角度出发，探讨如何统筹运用一切资源帮助人们实现财富自由、家庭幸福、国家太平和世界大同，其中涉及基本理念、思维方法、行为习惯、态度和情感等。

获得财富须先修德，一个"修"字，表明德源于我们的所作所为，也就是我们的行为。通常认为，财经行为主要分为五种：用钱、挣钱、保钱、投钱和融钱。但这五种财经行为只有在符合某种规范和标准时，才能真正修德，成为财德之源。这个标准，从我国传统文化看，正好对应于"五常"，那就是：用钱之德源于仁，挣钱之德源于义，保钱之德源于礼，投钱之德源于智和融钱之德源于信，这也正是"五德财商"的基本内容。

用钱之德源于仁，指在财富的使用上，要"以善为本"，对自己或他人均有所助益。如餐桌上的铺张浪费，就不合乎"仁德"，因为虽然钱财是个人的，但资源属于全人类，表面上看，浪费的是个人财富，糟蹋的却是全人类的资源。

挣钱之德源于义，指"君子爱财，取之有道，无道之财不可受"。通过造假、欺瞒等非法行为 (如"地沟油""假疫苗"等) 赚取"黑心钱"即属不义之财。这类不义之财不但不能挣，还应该坚决抵制并加以制止，因为这种"不义"之行，严重损害了他人的合法权益，损害了社会正义和公平。

保钱之德源于礼，指人们要清楚自身认知能力的局限性，对客观存在的不确定性、未知事物要保持应有的敬畏和尊重。自觉遵守市场规则、法律法规以及社会礼仪，是养成这种习惯的基础，也是他人考察我们做事风格和行为底线的重要内容。

投钱之德源于智，指人们在投资时，应充分了解自身在投资项目中或使用投资工具时的权利、责任和义务，在看到收益的同时能了解背后的风险。例如，有人被维克币、e租宝、不良 P2P 的高利诱惑而遭受重大损失；再比如，有人使用财务杠杆不当，以数倍于自有资本的融资炒股最后血本无归……悲剧的发生，都是因为不懂、不明、不畏风险，错误地把赌博当成了投资。

融钱之德源于信背后的内涵是"人以信立"，人没有信用则无法在社会上生存和发展。如果一个人在经济生活中失去了信誉或信用太差，则很难融资，也就没有机会利用"信用资本"快速发展；在日常生活中也是一样，言而无信的人也不可能交到真正的朋友、积累自己的人脉、组建自己的事业团队。在事事讲究"团队合作"的时代，失去信任而没有团队，将寸步难行。

可见，财商的核心是财德，有德方能有所得，无德则不得，无德而得反受其累。财商五德与儒学五常存在这样的内在联系并非偶然，其根本原因在于财富与幸福之道的本质就是做人之道。个人的行为，本来就应该符合家庭、社会以至世界普世价值的要求——五行之常，也就是让自己的行为符合社会对人的最基本要求，让自己成为一个"合格的人"。财德只是"做人之德"的一部分，必然要符合"做人五常"的要求，才有可能广辟财商五德之源，筑好财商的根基，进而积累人生财富，实现"修身、齐家、治国、平天下"的理想。

愿同学们从本系列教材中学有所"德"，进而在追求财务自由和人生幸福的道路上真有所"得"！

曹康霖

序二

探索"经世之智、济民之慧"

过去 20 多年来，美国、日本、英国等西方发达国家越来越多地将财经素养教育纳入国民教育体系，使其成为中小学乃至幼儿园的基础教学内容。世界各国已基本形成共识，那就是，对一个人的事业成功、家庭幸福而言，财商或财经素养与智商、情商同样重要，并将三者合称为 21 世纪人才必备的"三商"。在这一国际趋势和背景下，我国目前市面上的财商书籍和课程普遍具有如下三个特征。

一是向"财经奥数化"方向发展，即把大学财经专业的知识、专业财经人员的工作技能，直接简单切割和分解后灌输给青少年甚至儿童。这一做法的"好处"是，"成果"清晰可考，容易出"成绩"；不足之处是，过早让青少年陷于财经之"技"而弱于"道"，容易只见树木不见森林；另一个更大的潜在问题是，将财商课程设计成另一门"为考试而生"的"财经语文"或"财经数学"，不顾青少年的年龄特征和认知规律强行灌输大学知识，容易引起青少年对财经知识的反感和厌学情绪，拔苗助长，适得其反。

二是过于偏重财经游戏或故事而缺乏系统、专业的规划和安排，相关知识和理念显得过于零乱、碎片化而缺乏整体性。如何在青少年这个教学层次中体现出知识的系统性和结构性，既要浅显易懂，又要在同一年龄段和不同年龄段之间形成体系；不仅能浅出，而且还要深入，确实是非常具有挑战性的。

三是目前市面上的财商书籍多数是直接照搬国外财商书籍的相关内容，而未能结合我国的传统、文化、思想和社会实际，脱离了学生的生活环境，不利于学生及时、有效地应用所学到的知识。

"财商"虽是外来词，但在我国源远流长的历史典籍中，不乏对财经问题的深刻阐释和精彩讨论，彼时虽然名称上不叫"财商"，其核心理念和思想却是一脉相承的。甚至有学者考证认为，西方"经济学之父"亚当·斯密的"无形之手"，可以追溯到司马迁的《史记·货殖列传》。而老子"无为"主张下的"自然经济"观，儒家以仁为本基础上的"君子爱财，取之有道"，《商君书·定分》中对"一兔群逐"与"卖兔者满市而盗不取"的比较所体现出的产权思想等，充分表明中国文化中有许多闪光的财经思想，许多内容是值得我们继承和发扬的。

近年来，党和国家也充分意识到了财商教育的重要性，出台了一系列文件和政策来推进这项工作。历来高度重视投资者教育的券商——华西证券股份有限公司提议共同研发一套用于青少年财经素养教育的教材，与我素来希望向全民普及财商教育的想法不谋而合。为此，我们共同聘请专家，组建了编写团队，开始进行这项探索性工作。经过反复磋商和讨论，我们为这套书提出了以下基本构想：

一是系统安排上，将"修身、齐家、治国、平天下"的传统人文理想，与青少年成长、发育的阶段相结合。整套教材分为四册，分别适用于小学低段（1～3年级）、小学高段（4～6年级）、初中和高中。四册的主题分别为：财富与价值、家庭与传承、企业与梦想、社会与责任。因此，这套系列教材，既是"系列的"，可以单买单用；又是"连续的"，循序渐进的效果会更好。

二是内容安排上，遵照"六合"的基本原则，即"古今、中外、财情、知行、亲子、课堂内外"相互结合。例如，我们将美国政府所提出的"五钱"，即用钱、挣钱、保钱、投钱和融钱的五"技"，分别对应于我国传统的"仁、义、礼、智、信"的五德，突出了技背后的德，以及德背后的真正智慧。

这套书的另一个特点，就是在教学内容和过程中，力求"三商"统一，学以致用。本套教材的目标，不是应试，不是为了参加某种比赛做应急准备，也不强调死记硬背某些财经知识点。我们更强调财经思维习惯、思考方法的培养，重在提升解决问题的能力和增进财经智慧。同时，我们强烈建议家长以帮助孩子学习财商为契机，亲子之间共同研究、讨论，并在家庭内具体加以应用，让您的家庭更加幸福美好。

三是教程设计上，我们强调一切以受教育的孩子为中心，知识要靠孩子自己去发现，而不是老师去灌输；智慧只有在深度思考中才能获得，绝不是和电脑比数据存储能力。因此，对于书中很多财经知识点，我们会尽力避免直接去"点透"，也不会给出所谓的"标准"定义或概念，而是留给孩子们去发现。为了教学方便，我们也在每课后列出了各课的财商思考点作为提示。

再次重申，本套教材的目标，不是培养"考试机器"或"竞赛兔子"，而是着力提升孩子们的财经智慧、奠定他们幸福人生所必要的财富思维。因此，虽然本套教材也可作为财商或财经素养学习的知识性丛书，但真正更为重要的作用，是作为全面提升财经智慧的行动手册，增进家庭互信、互谅和家庭幸福感的亲子关系建设用书以及训练青少年组织与领导力的指导书。

本册《家庭与传承》的主题是"齐家"。家庭是社会的"细胞"，不仅是人们的源起之处和归宿之所，也是我们从个体走向社会的出发地和桥梁。因此，正确理解家庭在财富的创造、使用和管理中的职能与作用，无疑具有十分重要的意义。为此，本书分成了四个单元。

第一单元：家庭财富与幸福，讨论的核心内容是如何正确理解"家"的含义，包括家庭幸福与财富的关系，重点讨论了"家和"与"事兴"的关系和如何当家，为进一步学习"齐家"奠定基础。

第二单元：家庭收入与支出，重点就家庭收入与支出、家庭收支的计划与平衡进行了分析和讨论。这一单元的学习，可让孩子们明白"开门七件事"以及维持家庭正常运转之不易。

第三单元：家庭投资与保险，则是围绕如何看待"富二代"与"负二代"的关系、家庭信用、家庭理财和家庭保险来展开，重点对家庭信用和声誉的重要性做了强调，并适当引入了家庭理财多元化方面的内容。

第四单元：家庭财富的传承，重点关注了家庭财富的传承问题，在分析历史上"富不过三代"原因的基础上，重点关注了家庭物质和精神财富的传承方式、意义和一些简单的法律问题。

考虑到小学生学习的实际情况，本书将相关财商游戏和实践内容另行印刷成了独立的图册。图册是与教材配套使用的，为了增强课程的实效，建议读者同时购买配套的图册，加强练习和讨论，以帮助孩子们"学以致用"。

有人讲，"做科普非大师不可"。我深知自己离大师何止十万八千里之遥，却仍不揣冒昧编撰这套教材。一方面，是得到了真正大师的帮助，特别是西南财经大学中国金融研究中心曾康霖教授、刘锡良教授、王擎教授、李建勇教授，以及四川师范大学杜伟教授的悉心指导，这给了我们极大的支持与勇气；另一方面，也是本着抛砖引玉的目的，先抛出这块简陋的砖头，希望能引出更多的美玉来。

在本册付印之际，请允许我对华西证券股份有限公司杨炯洋总裁提出的修订意见表示感谢；对成都市金沙小学钟樱校长在构思和撰稿过程中的巨大贡献表示衷心的感谢；也感谢西南财经大学中国金融研究中心的硕士研究生于超同学在前期的初稿撰写中，为收集和整理大量材料付出的艰辛；感谢西南财经大学出版社的精心策划、设计、排版和编校；感谢金沙小学刘玥廷副校长和谢莹老师为本书绘制的精美插图；还有其他为本套教材提供帮助的老师、同学和朋友们，在此谨一并表示诚挚的谢意！

限于笔者水平，书中难免有不当和疏漏之处，欢迎广大读者朋友批评指正。有任何意见和建议，请电邮至 panxl@swufe.edu.cn，不胜感激！

序三

国民金融教育，从青少年做起

金融教育已经成为全球重点关注的热点话题。从国际上看，美国、英国、日本、澳大利亚等国家都早已将金融教育纳入国民教育体系，要求从基础教育阶段开始教授学生金融知识，培养学生的金融意识。新中国的金融教育，早期主要体现在高等教育中，如各大学设立的金融等相关专业；随后拓展到中等职业教育，如银行学校等；后来，由各证券公司主导的"投资者教育"出现，主要强调提高投资者的投资能力和金融素养，从而更好地保护投资者的合法权益。

从投资者教育的发展来看，中国证监会在 2000 年发起和推动了一场在中国证券市场历史上空前的投资者教育"运动"，正式拉开了我国投资者教育工作的序幕，早期教育的对象主要是市场上各类投资者。随着时代的发展和投资者教育研究的深入，越来越多的专家、学者和监管机构纷纷表示，要想真正做好投资者教育工作，必须将其纳入国民教育体系，从基础教育阶段开始进行金融教育，促进国民金融素养的整体提升。

目前，我国投资者教育工作已经步入一个新的发展时期——转型期，即从强调投资者教育向国民金融教育转型的时期。2017 年 7 月，中国人民银行在《消费者金融素养调查分析报告（2017）》中建议推进金融知识纳入国民教育体系；与此同时，证监会也正在积极推进将投资者教育纳入国民教育体系，推动上海、广东、四川、青岛、宁夏等 20 余个省、自治区、直辖市开展试点工作，将投资者教育纳入中小学、高等院校、职业学校等各级各类学校的课程设置中。2019 年 3 月，证监会与教育部联合印发《关于加强证券期货知识普及教育的合作备忘录》，指出国民金融教育对社会发展具有重要意义，并重点提出要推动证券期货知识有机融入学校课程教材体系。

可见，促进金融教育纳入国民教育体系，让金融知识早日进入中小学课堂，从小培养学生的财商智慧，提升金融素养，已经逐步成为我国国民素质提升和维护资本市场稳定发展的重要环节。而从成熟市场上的经验来看，国民金融教育的实施通常要依靠政府、金融机构、教育机构、第三方组织等多方的共同努力，才能达到更加理想的效果。在此背景下，华西证券投资者教育基地联合西南财经大学财商研究中心，以中小学生为对象，共同研发了本套"国民金融教育之青少年五德财商系列教材"。

"国民金融教育之五德财商系列教材"以五德财商理论体系为核心，根据青少年的认知发展规律，以《礼记·大学》中的"物格而后知至，知至而后意诚，意诚而后心正，心正而后身修，身修而后家齐，家齐而后国治，国治而后天下平"理念为基础，强调青少年的成长应依循从个人修身做起、关爱自己的家庭、懂得企业运作与管理到社会责任的承担和为社会做贡献这一发展逻辑；同时，本套丛书特别突出了"厚德载物"——投资先投德、积财先积德的基本理念，希望能帮助青少年从小树立正确的财富观、价值观和人生观，并内化为他们未来发展的基本理念。

　　本系列教材分别针对小学低段（1～3年级）、小学高段（4～6年级）、初中段和高中段四个年龄段，各成一册，共四册。四册书的书名分别为《财富与价值》《家庭与传承》《企业与梦想》《社会与责任》。同时，考虑到青少年对复杂的财经理论难以一次性理解到位的情况，本系列教材规避片面、填鸭式的教学模式，更多地以身边的案例、生活中的故事、细小却深刻的观察为基础，通过对主人公生活场景的故事化叙述，将金融专业词汇恰当地融入教材内容中，让金融知识变得通俗易懂，引导学生发现相关问题及其背后蕴含的道理。

　　希望本教材能够激发青少年对经济学、金融学和社会学的兴趣，促进我国青少年财商智慧和金融素养的提升。也希望本教材能够帮助家长了解财商教育的内涵和重要性，让家长理解日常生活场景中所隐含的各类财商小知识，从而更好地引导孩子形成正确的财商理念。

目录

人物介绍

财商小明星 赛德

赛德的爸爸 宏义

赛德的妈妈 崇礼

赛德的表哥 咏仁

赛德的同班同学 美智

赛德的好朋友 承信

第一单元

家庭财富与幸福

第1课

什么是"家"

我想有个家，一个不需要多大的地方。

———潘美辰①

①潘美辰，中国台湾女歌手、词曲创作人。1990年凭借歌曲《我想有个家》获得台湾金曲奖年度最佳歌曲奖。

身边的财商启示

一次英语课上，赛德学到了两个单词："house"和"home"。英语老师在区分这两个词的时候，说前者主要指"独立的房子、房屋，侧重'建筑物'的含义，所以可以说'beautiful house'，却不能说'beautiful home'"；后者则主要是指"家、故乡，因此，可以讲'sweet home'，却不能说'sweet house'"。

这个问题让赛德开始思考房子与家的关系：我们一般说回家，好像就是回到住的房子，那房子就是家吗？有房子就是有家吗？没房子难道就没家了吗？

而且，赛德早注意到这样一个现象：我们每个人都有一个家，但我们的家都不一样：我们的父母不一样，父母的工作也不一样；家里人数不一样，家中每个人的性格和习惯也不一样；家里的房子不一样，房子的装修风格和家具陈设也不一样；还有不同家庭的时间安排、周末活动、娱乐方式和家庭氛围也不一样……

可是，尽管有这么多的不一样，却拥有同一个名字——"家"！

如果完全不一样，就不会有同一个名字。那么，这同一个名字背后，究竟有哪些秘密呢？

"家家有本难念的经"

"来，孩子们坐吧！"张老师轻轻地拍了拍赛德的肩膀，"赛德，你不是有一肚子的话想告诉大家吗？来，说吧！"

同心小组的4名成员纷纷望着组长赛德。

赛德眉头微蹙："大家还记得我们这个小组的名字和口号吧？没错，同心小组，'同心同心、五人一心'。"说到这儿，赛德不禁身体微微往前倾，"最近，我注意到大家似乎有些心事，今天请大家留下，就是希望大家都能把自己遇到的问题、困难讲出来，我们一起来克服和解决，真正做到'五人一心'！"

看着赛德涨红的脸、激动的神情，大家心里莫名涌起一股暖流，便纷纷述说起来……

听完大家的倾诉，赛德终于知道小华为什么上课要打瞌睡了，因为他的爸爸妈妈最近生意上亏了钱，两个人为了钱的事经常吵架，好几次深夜里还把他吵醒了。小华既为父母担心，又感到自己很无力，没法替父母分担，也不清楚家里究竟赔了多少钱，只能干着急。

而兰兰之所以总是哭红双眼，是因为她外婆最近病重住院，而治疗效果却很不好。兰兰从小由外婆带大，最爱外婆了，所以一想起外婆生病的样子，就忍不住伤心。

小伟心情郁闷则是因为爸爸最近总在出差，全国各地到处飞，他都快两个月没见着他了。而美智无精打采则是因为她妈妈在外面给她报了四个培训班，作文、英语、舞蹈、钢琴连轴转，把她的时间安排得满满当当，别说休息了，连喘口气的时间都没有。

最后，大家不约而同地感叹道："原来，家家都有本难念的经啊！"

看着大家终于打开了心扉，张老师感叹地说："家庭就是这样，各家有各家的'难处'，也会有各家的'幸福'，因此世上没有十全十美的家庭。但只要家人间相亲相爱，总会克服生活中的难处，收获更多的家庭幸福。"

"另外，生活不总是一帆风顺的，因此我们在感叹'难'的同时，也可以换个角度来看，如果我们能积极地面对和处理这些'难事'，说不定这些'难事'会变成意想不到的'好事'呢！"

"比如，美智，如果你真的觉得自己的时间被排得太满，休息不够，甚至上课都无精打采，那能不能把自己心里的想法与感受直接和妈妈说一说呢？最好能提出你自己的时间安排和计划，比如你觉得哪些安排是必要的、哪些安排其实可以缓一缓，让妈妈明白你的感受和想法，以及你对自己生活的思考与安排。老师相信，你的家人会听取并尊重你的想法，尤其是经过充分思考后的想法。大家发现了吧，正是因为这种'太满'的时间安排，促使美智对自己的时间管理和生活计划进行思考，如果能得到妈妈的支持，不就将'难事'变成'好事'了吗？"

经张老师换角度的指点，同学们突然发现，"难"的背后，真的潜藏着"变"，如果能积极面对，这些"变"完全可能预示着未来的"好"。原来，同学们都只从"难"的角度看问题，难怪情绪都很低落。

最后，张老师特别表扬了赛德，作为小组组长，能随时关注和关心同学，并主动联系老师、组织大家进行讨论和分享，无愧于"同心"小组之名。

畅所欲言

1. 人们常讲"家是温暖的港湾"，可为什么"家家都有本难念的经"呢？五个小伙伴家里各自"难念的经"是什么？

2. 听完这个故事后，你觉得小华、兰兰和小伟应该如何积极面对当前遇到的"难事"，怎样才能将"难事"变成"好事"呢？

3. 我们是家庭的主人，家庭幸福需要我们积极参与建设。我们能为家做些什么，让我们的家变得越来越好呢？

4. 有人讲，只有用"爱"才能念好家中难念的经，你同意吗？能举例说明吗？

孔明家的不幸与幸

诸葛亮①在家里排行老二，一家人本来幸福地生活着。可好景不长，诸葛亮的母亲生下弟弟没有多久，就离开了人世。母亲离世的突然打击，一度使得3岁的诸葛亮痛不欲生。看着笑容渐渐消失的儿女，以及嗷嗷待哺的小儿子，父亲做了一个决定——不久以后诸葛家中迎进了一位后母。

这位后母温柔贤良，对诸葛兄妹视如己出，消失的打闹声又回荡在小院儿内。可是不久，由于连年灾荒，黄巾大起义②爆发了。由于黄巾起义的冲击，诸葛亮父亲的郡丞③再也当不下去了。离任以后，整个家庭便断了过去一直依赖的俸禄④，诸葛一家的经济更困难了。家境的破败，使诸葛亮父亲在忧愤中染上了疾病，不久也去世了。父母的相继离去，对年仅8岁的诸葛亮无疑是巨大的打击。

无奈之下，诸葛亮一家决定到荆州去投奔叔父诸葛玄，不幸的是，他叔父不久也抛下他们病逝。唯一的靠山又失去了，这对诸葛亮又是一次沉重的打击。好在，诸葛亮此时已经十六七岁，他不愿再仰人鼻息，过寄人篱下的生活。于是，他带着姐姐、弟弟来到隆中，盖了几间茅草房，"躬耕于陇亩"，挑起全家的生活重担。

---

①诸葛亮(181—234)，字孔明，号卧龙，徐州琅琊阳都(今山东临沂市沂南县)人，三国时期蜀国丞相，杰出的政治家、军事家、外交家、文学家、书法家、发明家。
②黄巾大起义：东汉晚期的农民战争，也是中国历史上规模最大的一次宗教形式组织的民变之一。
③汉代的官衔，是郡守的佐官，相当于现在地级市的秘书长。
④朝廷发给官员的薪水。

诸葛亮3岁丧母、8岁丧父，可谓不幸之至。然而，一系列的不幸和艰难并没有把他打倒，相反锻炼了他顽强、不屈、坚毅的品格，这些高贵的品质不仅让他助刘备成就了三分天下的蓝图，也成就了他个人的千秋英名。

畅所欲言

1. 你认为诸葛亮的家庭对他究竟是"幸"还是"不幸"呢？为什么？

2. 在你看来，当家庭遇到困难时，作为孩子的我们能做什么？

3. 你和周围同学的家庭遭遇过什么"不幸"吗？需要什么帮助吗？

4. 你认为一个理想的"幸福之家"最重要的是什么？你能描述下吗？

财商知识点

◎ 爱　　　　　　　　◎ 家庭

◎ 幸福　　　　　　　◎ 权利

◎ 生意　　　　　　　◎ 出差

◎ 友谊　　　　　　　◎ 义务

◎ 换个角度看问题

第2课

假如我来当家

> 家有常业，虽饥不饿。
>
> ——韩非①

①韩非（公元前295?—公元前233），生活于战国末期时期的韩国（今属河南省新郑市）的思想家，中国古代著名法家思想的代表人物，认为应该"法""术""势"三者并重，是法家的集大成者。

身边的财商启示

今天放学前，老师在班里通知下周五下午开家长会，要求大家回家后告诉家长。要是以前，赛德根本不需要思考，回家见着"大人"随便讲一声就完事了。

可今天上午和几个同学关于谁是家里的"当家人"的争论，让赛德突然疑惑了起来："我们家，谁才是'当家人'呢？'家长'究竟是指家里最年长的人，比如爷爷；还是指在家里说了算的爸爸或妈妈呢？"

一时想不明白，赛德犯起了迷糊，于是他在电脑上查了查，才明白原来"家长"在以前主要是指"一家之主""当家人"的意思，他终于明白该告诉谁了。

虽然每个家从"家"这个字来看都一样，但不同的家庭却有千千万万的差别。并且在一定程度上，我们可以说，这些不同就是各家的当家人造成的。

可见，"家长"是否能承担起相应的责任，对于一个家庭的兴衰荣辱是至关重要的。

孩子们，你觉得你们家的当家人是谁？当得怎么样呢？是不是还有可以改进和提高的地方？如果让你当家，你准备做哪些改变？假如你来当家，你会最想做哪三个方面的改变？请按顺序写下最需要改变的三个方面的内容和原因：

1.内容： _____   原因： _____

2.内容： _____   原因： _____

3.内容： _____   原因： _____

财商故事会

家长的一天

当家长到底是什么感觉呢？谁都得听家长的，那么做家长的感觉岂不是会"很爽"？为了"找找感觉"，赛德决定在这个周末仔细观察观察妈妈是如何"当家长"的。

每个周末都是妈妈崇礼采购全家下周生活用品的时间。这周六，为了全面观察妈妈是如何当家的，赛德便跟着妈妈一起去采购。到超市后，只见妈妈拿出购物清单开始逐项选择。赛德发现妈妈把东西放入购物车之前，会在货架前反复对比那些看上去差不多的商品，有时把一件东西已经放进购物车了，一会儿又拿出来换另一件，比来比去的没个完。走走停停不一会儿，赛德便感觉腿酸了，于是开始不耐烦起来，忍不住嘟囔着："不都一样么，随便选一下就可以了嘛……"

崇礼看到儿子不高兴了，便耐心给他解释道："我们是自己过日子，能节约就要节约，无论有没有钱，浪费都不是好习惯。"

采购终于结束，赛德帮妈妈大包小包地拎回家，不禁在心里感慨采购这些生活用品比读书还累，回家就累得瘫倒在沙发上。赛德本来想好好歇一下，可看到妈妈还在忙着归置物品，只好起来帮忙，可结果是"越帮越忙"，因为赛德平时没注意东西的摆放位置和顺序，总是放错地方。例如，分不清酱油和醋，把调和油放在了麻油该放的位置，把茶叶和花椒放在了一起……

晚上，赛德看到一桌子热气腾腾的饭菜时，突然想到，自己只是帮着采购了一下就累得不行，而妈妈采购回来还要做这么多饭菜，肯定比自己还辛苦，不禁生平第一次给妈妈夹了菜。一吃完饭，他就赶紧帮着妈妈收拾碗筷和厨房，打扫卫生。

晚上赛德在书房里看书，听见妈妈还在客厅里和爸爸讨论玩具厂的经营情况，还有明天带赛德去公园野餐的安排。

赛德轻轻关上房门，长叹一口气："就今天的情况来看，当家长一点都不好玩，相反，简直太复杂、太辛苦了！"

畅所欲言

1. 你觉得赛德的妈妈买东西时反复比较，是在比较些什么？你自己买东西时，也会比较吗？为什么？

2. 晚餐时赛德生平第一次给妈妈夹菜说明了什么？你给妈妈夹过菜吗？

3. 你觉得作为家长，都有哪些需要处理的事情呢？作为孩子，我们能为家长分担些什么呢？

4. 有人讲"男主外、女主内"，你知道什么意思吗？这样的分工合理吗？为什么？

"穷家庭"的"富"家长

丹麦童话作家安徒生出生在一个叫奥赛登的小镇上，镇上有很多贵族和富人。而安徒生的父亲只是个穷鞋匠，裤子上的补丁一层又一层；母亲是个洗衣妇，为了一家人的生计，寒冬腊月也不得不将双手浸泡在冰冷的水中浆洗衣物。

贵族和富人们生怕降低了自己的身份，从来都不让自己的孩子和安徒生一起玩。

望着儿子孤零零的身影、落寞的神情，安徒生的父亲是又气又恼，但是他从来不在安徒生面前表露，反而十分温柔轻松地对他说："孩子，来，爸爸陪你玩！"

安徒生的父亲用微薄的收入将简陋的房间布置得像一个小小的博物馆：墙上挂了许多图画和装饰用的瓷器，橱窗柜上还摆放了一些不值钱却有趣的玩具，书架上放满了书籍和歌谱，即使是那扇简陋的门，也给画上了一幅风景画。

在这个贫穷却十分温馨的家里，安徒生的父亲还会经常给他讲《一千零一夜》和莎士比亚的戏剧故事。

为了丰富孩子的精神世界，安徒生的父亲还带着他去街头看埋头工作的手艺人、弯腰驼背的老乞丐，还有那些坐着马车趾高气扬的贵族。

可不幸的是，还没等安徒生长大，父亲便去世了。母亲只好强忍泪水，独自挑起养家的重担。为了实现父亲的愿望，母亲把安徒生送进了学校念书。可安徒生对学习一点兴趣也没有，成绩非常差。

一天放学后，安徒生没把家庭作业做完就出去玩了。母亲知道后非常难过，失望地对他说："你为什么这样敷衍了事？难道你不明白家里的艰难？学习是为了你的将来。你为什么不明白我的苦心？"说着就伤心地掉下眼泪来。安徒生听后非常懊悔，他明白了母亲的用心，从此他渐渐喜欢上了学习，并暗暗立志，要用自己的文字给更多的孩子们带去快乐！

父母虽然没能给他多少金钱，但给了他一个温馨的、充满爱的家，教会了他去关爱他人，给了他一颗闪光的心去照亮千万孩子的心田。从这一点看，安徒生的家比许多有钱人的家都更为富有。正是经历了这样家庭的熏陶，安徒生才能创作出《卖火柴的小女孩》《丑小鸭》《海的女儿》等经典童话故事，并被誉为"世界儿童文学的太阳"。

畅所欲言

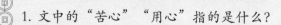

1. 文中的"苦心""用心"指的是什么?

2. 安徒生家的"穷"和"富"分别表现在哪些方面?

3. 古语讲"人穷不可志短",你能用这句话分析下安徒生的成长经历吗?

4. 你觉得你家的家长有哪些方面做得特别好吗?请说说你的观察和思考。你能不能真诚地向他(她)表达自己的感恩之情呢?

财商知识点

◎ 当家人　　　　◎ 家长

◎ 责任　　　　　◎ 采购

◎ 比价　　　　　◎ 节约

◎ 浪费　　　　　◎ 付出

◎ 人穷不可志短

第 **3** 课

家和万事兴

治家严，家乃和；居乡恕，乡乃睦。
　　　　　　　　——《格言联璧·齐家类》①

---

①《格言联璧》一书是集先贤警策身心之语句，垂后人之良范。全书主要内容包括学问类、处事类、接物类、齐家类、从政类等。

身边的财商启示

一个星期天的下午，赛德从外面打完篮球回来，刚一进门便被一阵哭声吓坏了，鞋都没顾得上换，赶紧跑进客厅，抬眼便看见一个阿姨正拿着面巾纸抹眼泪。赛德正准备张口问怎么了，崇礼连忙对着他做了个"别作声"的手势，赛德便蹑手蹑脚地退了出去。

后来妈妈告诉赛德，那个伤心难过的阿姨因为和儿子一起做生意，吵了架、亏了钱，非常伤心。从妈妈断断续续的叙述中，赛德大致了解了经过：

四年前，龚阿姨拿出家里所有的积蓄开了一家超市，在她的精心打理下，超市的生意红火了起来。家中生意越来越好，需要管理的事情也就越来越多，龚阿姨的儿子小陈便辞了工作回来帮她管理店铺。按理说母子齐心协力，超市应该越来越好才对，可没想到这却成了后来最大的问题。

小陈参与管理后不久，就给龚阿姨提意见，说她的想法太保守，不利于超市做大做强；而龚阿姨觉得小陈太冒险、没经验，弄不好要出大问题。母子俩谁也不服谁，龚阿姨实在不想因为生意影响母子感情，便和小陈签下协议：超市承包给小陈经营，但是小陈每年要支付给龚阿姨15.5万元的承包费。

但最后的结果却是，小陈承包后大肆扩张、经营不善，不仅老店无法维持，还欠了许多外债，按协议该给龚阿姨的承包费已经欠了60多万元；龚阿姨现在是存款没了、超市没了，作为超市的法定代表人①，还欠下了许多外债。

---

①依照法律或者法人组织章程规定，代表法人行使职权的负责人，是法人的法定代表人。

● 作为转让协议的甲方，龚阿姨能不能要求小陈将承包费全部缴清？为什么？

● 作为小陈的妈妈，龚阿姨应不应该要求小陈将承包费全部缴清？为什么？

● 有什么方法可以避免或改变龚阿姨遇到的困境吗？

礼金上的争吵

快过年了，各处的订单纷至沓来，赛德爸爸的玩具厂进入一年当中最繁忙的阶段——不仅人特别忙，资金周转也非常紧张，因为需要大量的资金来采购原料、组织生产。向银行申请的贷款虽然批下来了，但资金要年后才能到账。

每年春节前，宏义和崇礼都会给赛德的爷爷奶奶、外公外婆精心准备过年礼物，但今年因为厂里的工作确实抽不出时间来准备，因此两人就商量着直接给老人们封个大红包。

往年对所有老人准备的礼物所用的花费都是相当的，可今年资金确实太紧张了，所以在送多少的问题上，宏义和崇礼产生了分歧。宏义觉得爷爷奶奶家一直比较贫困，多一点钱对他们的生活有很大帮助，而外公外婆家相对富裕，少给一点钱对他们的影响不大，因此应该给爷爷奶奶多送点，给外公外婆少送点。但崇礼却觉得，都是家中老人，应该同等对待，如果给一边送得多、另一边送得少，老人们知道了会说他们偏心，这本身不是钱的问题。

两人各执一词，谁也不肯相让，赛德在一边看着也很着急。

赛德想了想，出了个主意……

宏义爸爸惊讶地说："我儿子竟然懂得这么多！"崇礼妈妈一把将赛德搂在怀里，轻轻地说："好孩子，就听你的！"

欢声笑语又回荡在赛德的家中。

 畅所欲言

1. 从感情上讲，爷爷奶奶、外公外婆都是家人，我们应该公平对待，妈妈是正确的。可从理性上讲，今年家里资金确实很紧张，而爷爷奶奶更需要钱，爸爸是正确的。那你是支持爸爸还是支持妈妈，为什么？

2. 你觉得赛德说了什么、做了什么，让爸爸和妈妈之间的争执得以最终解决？

如此"酬劳"

赛德有一个远房堂弟叫作小刚，是家里的独子，住在农村。为了生计，小刚的爸爸妈妈在小刚出生后不久，就外出打工去了，把小刚交给爷爷奶奶抚养。爷爷奶奶对小刚的照顾从来是"饭来张口、衣来伸手"，这也养成了小刚懒惰的习惯。

去年农忙时节，爷爷奶奶忙着种庄稼，实在没空打理家务，而小刚有空也只顾着看动画片和打游戏，根本不愿意帮忙。爷爷奶奶实在没办法，最后想出一招，洗一次碗给1元零花钱。小刚看到有钱拿，才勉强马马虎虎地把碗洗了。自那以后，爷爷奶奶想让小刚做任何事情，都必须给钱，不然小刚就什么也不做，而且小刚的"要价"越来越高。

今年的农忙又开始了，爷爷奶奶要忙着收小麦、种玉米、栽红薯和插秧。这天，眼看着天色就要黑下来了，但还有很多小麦没收完。爷爷奶奶想让小刚来帮忙，小刚却嚷嚷着要给钱才去。可是前几天爷爷生病，看大夫已经花了不少钱，现在哪里还有钱给小刚呢？望着远处的夕阳，爷爷奶奶沉重地叹了一口气，默默背起背篓继续忙去了。

畅所欲言

 1. 你觉得小刚做事就收钱的想法对吗？为什么？

2. 你觉得爷爷和奶奶养他，是不是也应该收小刚的钱呢？

3. 如果你处于小刚爷爷的位置，你会怎么做？如果小刚的爸爸、妈妈知道了这种情况，你认为他们该怎么做？

4. 你知道什么是家庭责任和义务吗？

5. 在读了本课的故事之后，请谈一谈你对"家和万事兴"的理解——什么是"家和"？"万事兴"都有哪些"事"？什么是"兴"？

财商知识点

◎ 家庭和睦　　　　◎ 资金周转

◎ 法定代表人　　　◎ 贷款

◎ 补偿费　　　　　◎ 和谐

◎ 酬劳　　　　　　◎ 有偿服务

◎ 家庭责任　　　　◎ 家和万事兴

第 **4** 课

家庭幸福与财富

人生中最美好的东西是不要钱的。

—— 奥德茨①

---

①克利福德·奥德茨, 美国现代著名剧作家, 20世纪30年代美国左翼戏剧的代表人物。他一生写下了10多部戏剧作品,其中重要的有《等待勒夫梯》(又名《等待老左》)《醒来歌唱》《失乐园》和《金孩子》等。

身边的财商启示

　　一天课间休息，赛德看见好多同学围在一起，似乎在为什么事起哄，走近后只见：小彪双手叉腰，趾高气扬地说："我老爸自己开公司，一年赚好几十万元，瞧我这双鞋耐克，是最新款，可贵呢，要好几千元！"说完，还将脚抬起来，抖了抖脚尖。

　　小憨将鼻涕吸了回去："那，那有啥可炫耀的！我每年暑假都会出国游玩，全球所有的国家我差不多都去了一半了！"

"咦，小明，你衣角那是块补丁吗？你们家没衣服可穿吗？"小彪阴阳怪气地说。"对呀，你如果没有衣服穿，我把我不穿的衣服送给你呗，我有好多衣服可都没补丁，嘿嘿！"小憨用袖子擦了擦鼻涕继续嘲笑道。

听着他俩一唱一和，小明双手都不知放哪里了，显得局促不安。

赛德实在是看不下去了，走过去护在小明身前："你们俩干什么呢？衣服有补丁怎么了？干净整洁就行了。全球各国都去过了又怎么样？还不是花爸爸妈妈的钱，又不是自己挣的，有什么好炫耀的？如果只知道满足于虚荣，现在不努力，10年后还不知道会怎样呢！"

旁边的同学不禁纷纷鼓掌。美智说："赛德说得对，凭自己的双手创造出来的，才是自己的，靠父母算不得真本事。小明虽然家里条件差一些，但他很努力，而且他爸爸和妈妈都非常爱他、关心他。你们俩要真有钱，为什么不立一个助学基金，去帮助更多贫困的同学呢，那才厉害！"

幸福是什么

赛德皱着眉头，左手托着腮，右手不停地转笔，大脑在飞速运转："什么是幸福？每天都有100元？不用上补习班？妈妈不再唠叨？……"

因为对"幸福"从来没去思考过，所以面对老师布置的话题小作文"什么是幸福"，赛德是一筹莫展。最后没办法，只能求助爸爸妈妈："爸爸，妈妈，你们觉得什么是幸福？"

"玩具厂能正常运转，我能每天早早回家和你还有妈妈一起吃晚饭，这就是我的幸福。"宏义不假思索地回答。

"下班时地铁有空座，赛德的学业能节节上升，这就是我的幸福。"崇礼微笑着说。

"爸爸、妈妈，你们俩眼中的幸福怎么不一样呢？"赛德不解地问。

崇礼搂过赛德，轻轻地说："每个人理解的幸福确实可能不完全相同，但也有相同之处。比如，刚才爸爸和妈妈说的幸福虽然听起来不一样，但仔细想想，你会发现也有很多一样的地方。"赛德一听，感觉更不清楚了。看着困惑的儿子，爸爸宏义反问道："赛德，好孩子，那你觉得什么是幸福呢？"

"刚开始我觉得妈妈不再唠叨，每天有花不完的零花钱，没有家庭作业，不用考试，一周只上两天学，这就是幸福。"听完儿子的回答，宏义和崇礼不禁笑出了声，赛德也不好意思地红了脸。

想了想爸爸妈妈对"什么是幸福"的回答，赛德思考了一会儿，然后扬起小脸肯定地说："可听了你们讲的幸福后，我现在觉得，我们全家人身体健健康康、开开心心就是幸福，这不仅仅是我的幸福，也是咱全家人的幸福。"

畅所欲言

1. 赛德的爸爸和妈妈眼中的幸福有哪些相同和不同之处？

2. 在听了赛德的回答之后，你觉得快乐和幸福有什么相同与不同之处？

3. 赛德听了爸爸和妈妈讲的幸福后，自己对幸福的看法就变了，为什么？

两只乌鸦

一天，春风和煦，杨柳舒展着柔软的腰肢随风起舞，河边不知名的小花也奋力地扬着可爱的小脸蛋，仿佛在对着人们微笑，一切都是那么美好。

"呱呱呱，哇哇哇"，一阵刺耳的鸟叫声从森林传来。

原来是两只乌鸦在树上对骂起来，它们越骂越凶，越吵越激动。有几只小燕子看不下去了，连忙扑棱着翅膀飞到它俩身边来劝架。可谁知，两只乌鸦全然不理小燕子，甚至一翅膀扇过去，小燕子差点没踩稳掉下树去。小燕子们摇摇头，无奈地飞走了。

时间一分一秒地流逝，两只乌鸦喘着粗气，还用嘶哑的声音在争吵着。

突然，一只乌鸦气急败坏，随手捡起一样东西向另一只乌鸦狠狠打去；另一只乌鸦也同样捡起东西砸了过来。没几个回合，两只乌鸦发现没东西可抓，这时才赫然发现，它们砸出去的东西原来是自己正在孵化的蛋。

畅所欲言

 1. 乌鸦将蛋扔出去的那一刻在想什么？在发现扔出去的是自己的蛋时，又在想什么？

2. 生活中，你遇见过类似的事情吗？是怎么处理的？在你
们的家庭生活中，有遇到过类似的事情吗？当时是怎么处
理的？现在你有没有更好的处理方法？
3. 你觉得这个故事带给我们的启发和思考是什么？

寻找幸福

从前，有一位国王统治有方，他的国度四季如春，每一条小道上都是花香四溢，金色的稻浪一望无际，五彩的瓜果芳香诱人，勤劳的人们生活十分富足，纷纷为他歌功颂德。尽管如此，这位国王依然觉得自己不幸福，于是派人四处去找一个幸福的人，然后将他的衬衫带回来。

被派出的士兵碰到人就问："你幸福吗？"可得到的回答总是：不幸福，我没有钱；不幸福，我没亲人；不幸福，我得不到爱情……

士兵们就这样询问了七天七夜，就在他们不再抱任何希望时，突然从对面被阳光照着的山岗上传来悠扬的歌声，歌声中充满了快乐。他们随着歌声找到了那个"幸福的人"，只见他躺在山坡上，沐浴在金色的暖阳下，浑身

散发着耀眼的光芒。

"你感到幸福吗？"

"是的，长官，我感到很幸福。"

"你的所有愿望都实现吗？你从不为明天发愁吗？"

"是的。你看，阳光温暖极了，风儿和煦极了，我肚子又不饿，口又不渴，天是这么蓝，地是这么阔，我躺在这里，除了你们，没有人来打搅我，我有什么不幸福的呢？"

"看来你正是国王要寻找的幸福的人！"士兵们喜笑颜开，"幸福的人儿，请将你的衬衫送给我们的国王，国王会重赏你的。"

"衬衫是什么东西？我从来没见过。"这个人疑惑地问道，"是我这件粗布麻衣吗？还是盛饭的钵盂（yú）？"

听到回答，士兵们面面相觑。无奈之下，只能带着他回王宫复命。

"什么？"国王勃然大怒，"幸福的人怎么可能连衬衫都没有，你这个骗子，来人，把他关入大牢！"

"国王，且慢！尊敬的国王，您爱民如子，绝不会滥杀无辜的。事实上，您不是我，您怎么知道我不幸福呢？您能否听我讲完，再决定如何处置我？""好，你且说来！"

……

国王听后高兴地说："我终于明白什么叫幸福了！"连忙让人把他放了。

畅所欲言

1. 你觉得连衬衫是什么都不知道的人，能有幸福吗？为什么？

2. 你觉得，这个人给国王讲了些什么呢？

3. 在阅读完本课的所有故事之后，你觉得金钱和家庭幸福之间是什么样的关系？

4. 在阅读完本课的所有故事之后，请谈谈你对"人生中最美好的东西是不要钱的"这句话的理解。

财商知识点

◎ 幸福与财富　　　◎ 幸福与快乐

◎ 助学基金　　　◎ 整洁

◎ 补丁　　　◎ 攀比

◎ 感恩　　　◎ 浪费

第二单元

家庭收入与支出

第 5 课

家人是如何挣钱的

不当家，不知柴米贵；不养儿，不知报母恩。
———中国谚语①

---

①谚语是广泛流传于民间的言简意赅、通俗易懂的短语或韵语，多数反映了劳动人民的生活实践经验，而且一般是以口头方式传下来的。

身边的财商启示

冬天的清晨，赛德还在蓬松的棉被中做着美梦，耳旁隐隐约约地传来妈妈轻轻的呼唤："赛德，赛德，该起床了，今天的早餐是你喜欢的豆浆和油条哦！""不嘛，让我再睡一会儿，就一会儿。"赛德嘟囔着，翻了身接着睡。妈妈看着睡意浓浓的赛德，便退出房间轻轻关上房门，让心爱的儿子再睡个回笼觉，待会儿再来叫醒他。

"妈妈，你可真厉害！我一到冬天就不想起床，你怎么每天都起那么早？你不困吗？"赛德边喝豆浆边问。"困呀，可是我要为你做早餐，你可是妈妈的小心肝呢！"崇礼温柔地回答道。听完妈妈的回答，赛德心里涌起一阵暖意，不禁望向妈妈。突然，赛德发现妈妈的样子和往常有点不一样：今天她眼圈有点黑，看上去有点憔悴，头发也没有束紧，一绺头发散在耳旁，可往常的妈妈就算眼角有鱼尾纹，也总是神采奕奕的。

"妈妈，你是不是生病了？"赛德担心地问。

"你一直盯着我的脸看什么呀？我脸色不好吗？"妈妈不禁摸摸自己的脸，"妈妈没生病，就是这几天睡得有点晚，没休息够。"

"这几天晚上在忙什么呀？我怎么什么也不知道呢？"赛德有点自责。

望着懂事的赛德，崇礼欣慰地说："孩子，不怪你。在你睡着后妈妈才有时间加班完成当天没有做完的工作，还得给你检查作业和书包，跟爸爸商讨完工厂最近遇到的小麻烦该怎么处理，然后才能睡觉呀。"吃着妈妈早起为自己准备的早餐，赛德心里感慨万分。

只见赛德用双手紧紧抱住妈妈，轻轻地说："妈妈，您辛苦了！"

没去成的科技馆

这个周末，赛德本和爸爸约定好一起去科技馆，但最终却未能如愿，因为爸爸要去另外一个城市与供应商开一个重要的会议。

止不住的失落和难过把赛德紧紧包围起来，没办法，赛德便只好去找承信倾诉自己的委屈。承信与赛德同岁，在同一所小学读书，两家是世交，承信的爸爸也在赛德爸爸的玩具厂里工作，两家人经常在周末或者节假日聚会。

承信告诉赛德，他爸爸这次也陪同赛德的爸爸一起去开会了。承信不仅没有因为爸爸不能周末陪自己而难过，相反他还很支持爸爸的工作，希望爸爸这次出差一切顺利。因为他听爸爸说这次的会议十分重要，事关工厂供应链的稳定性和成本高低，而且会议期间要见很多不同的供应商，举行大量的会谈，特别忙碌。

听到承信讲的这些自己不曾知道的情况，赛德的脑海里浮现出爸爸在外忙碌奔波的情形，突然觉得自己太自私了。可能爸爸在外面忙得饭都顾不上吃，而自己却只想着科技馆，都没好好了解和关心爸爸在外面的工作与生活情况。

一番内疚、自责后，赛德突然想起爸爸经常讲的一句话，"只要想办法，就没有解决不了的问题"，便和承信商量着一起行动：他们先分别给爸爸发了问候和关心的信息，然后上网了解科技馆参观的相关内容，如游览路线、展品说明、实验原理等。两人准备先自己去参观，并且把所见、所得、所想记录下来，等他们的爸爸回来后再跟他们分享。

突然，两个小朋友发现，把自己能做的事尽量做好，就是对爸爸最好的支持。

畅所欲言

1. 梳理本则故事中赛德的心情变化历程，并绘制赛德的心情曲线图，然后分析赛德每一次心情变化的原因。

2. 你有没有经历过和赛德类似的事情，你又是如何处理的？

3. 你爸爸妈妈的职业是什么？他们每天的工作内容是什么？你觉得他们工作辛苦吗？为什么？

4. 他们当时为什么是发问候短信，而不是打电话呢？你觉得赛德和承信的做法对你有什么启发吗？

AI的兴起与总经理的将来

"原来可口可乐公司竟然有超过百年的历史呀！""嗯，就是。可口可乐竟然还坐着航天飞机去往太空'旅游'呢！""还有，你们知道吗，展品内的玻璃瓶里装的可是真可乐呢！"赛德和同学们兴奋地讨论刚才参观的可口可乐博物馆里的见闻。

"孩子们，咱们现在到了可口可乐的生产车间。想知道清爽的可乐是怎么制作出来的吗？让我们一起去一探究竟吧！"带队老师的话把孩子们本已经发散到天边的注意力又吸引了过来。

怀着既好奇又激动的心，赛德和同学们走进了生产车间。在这里同学们看到了出厂前每一瓶可能需要经过的层层工序与检查，如吹瓶、冲瓶、灌装、封盖、喷印日期、液位检测、贴标签、打包等。而且大家还有一个神奇的发现：那些瓶子似乎自己在跟着生产线自动运转。特别是灌装的时候，几十瓶可乐，一下子整整齐齐地就灌好了，一滴不洒，实在太神奇了。这些操作甚至都不需要工人来参与。

老师借机说道："同学们想想，这么多工序，这么多工人，为了保持有序的生产，是不是需要有人、有方法来管理他们呢？这个人就是总经理，而这些管的方法，集中体现为公司的管理系统，其中包括资源管理、人力管理、信息管理、财务管理等，有好多个子系统呢。可以说，没有好的总经理和好的管理信息系统，就很难有家好的企业。如果以后有机会去参观特斯拉汽车的生产过程，相信你们会更加惊叹。"

　　听到这里，赛德问了老师一个问题："老师，你刚才讲总经理很重要，管理系统也很重要，请问总经理和管理系统是什么关系呢？"

　　老师不禁对着赛德竖起了大拇指，对同学们说："赛德刚才的问题非常棒！早期工业生产以人直接管理人为主，那时还没有现代意义上的管理系统；可随着经济的发展，尤其进入信息时代后，管理系统便越来越重要了。

所以在参观的最后，老师有一个问题留给你们：当今社会，是总经理的管理重要，还是管理系统的自动化管理更重要？"

听完老师的问题，赛德突然想起一次在报纸上看到的"即将被AI改造的行业"，就一直在想："机器人越来越能干，会不会将来工厂都不需要工人了？做什么才不会被机器替代呢？要是爸爸的厂里全是自动化的机器人，他会不会就能轻松些，有更多时间陪我和妈妈了呢？"

畅所欲言

1. 老师说"总经理的职位在企业中非常重要"，结合你对"总经理"一职的了解，谈谈总经理在企业中重要性的具体体现。

2. 你知道AI是什么吗？对未来哪些行业会有怎样的影响？

3. 对于老师最后给同学们留的那个问题，你的看法是什么？为什么？

4. 机器人和人比，有哪些优势和劣势？会不会真替代人呢？

财商知识点

◎ 养家人

◎ 总经理

◎ 职业

◎ 信息时代

◎ 人工智能（AI）

◎ 自动化

◎ 管理系统

◎ 机器人

◎ 流水线

◎ 工程师

第 **6** 课

家庭的收入来源

一粥一饭，当思来处不易；半丝半缕，恒念物力维艰。

——朱柏庐①

---

①朱柏庐，原名朱用纯，字致一，自号柏庐，明末清初江苏昆山县人。著名理学家、教育家，主要作品有《朱子家训》《四书讲义》等。

身边的财商启示

又到了周末的愉快时光，宏义和崇礼这周会陪赛德去商场挑选他心爱的乐高玩具。进到店里后，只见赛德一会儿看看这个恐龙模型，一会儿又摸摸那个高达模型，两只眼睛笑得都眯成了一条缝。难得的亲子时光，崇礼却高兴不起来。原来，家里的乐高模型实在太多了，甚至还有很多是一样的。该怎么说服正在兴头上的赛德不要再购买模型，这个问题一直困扰着崇礼。

突然，只见崇礼眼睛一亮，徐徐走近赛德。

"这些都好酷好帅气呀，妈妈，我想买这一排的模型。"看到妈妈走过来，赛德激动地说道。崇礼怔了怔，说道："买一排得多少钱？会不会很贵呀？"

"哎呀，妈妈别担心！你看，我过年的压岁钱全都带着呢！"赛德拍了拍鼓鼓的小挎包。

"那这些钱是从哪儿来的呢？"崇礼继续追问。"妈妈糊涂了吧，这钱自然是爷爷奶奶、外公外婆他们给我的呀！""那爷爷奶奶、外公外婆的钱又是哪来的呢？""你和爸爸不是每月都会给他们生活费吗？过年你们也会给他们压岁钱，所以自然是你们给的咯！"赛德不假思索地回答。

"那爸爸妈妈给的钱又是从哪儿来的呢？"崇礼紧追不放。"你和爸爸工作赚的钱呀！"赛德有些疑惑了，为什么今天妈妈要问这么多问题。

"好的，那现在妈妈告诉你。爸爸的玩具厂目前还没有什么利润，家里的收入来源只有妈妈的工资收入，除了咱们一家三口的生活开销，咱们还需要赡养老人。现在你还想购买这一排乐高模型吗？"听到这，赛德愣住了，他从来没想过买玩具的零花钱或者压岁钱到自己手里之前的来源问题。

　　崇礼看着愣住的赛德，顿了顿，继续说道："很多时候，玩具的数量并不重要，重要的是能用一定数量的玩具玩出不一样的玩法，玩出最大'价值'来！"听到这，赛德陷入沉思，对模型虽还是不舍，但还是捏了捏钱包，把钱包重新放回挎包里。

家里都有哪些收入

又到了每周一次的财商课时间，在走廊上看到陈老师正快步向教室走去，赛德便小跑向前，故意拖长声音说道："陈一老一师一好。""小赛德，就你最调皮。今天我又来给你们上课，欢不欢迎呀？"陈老师摸着赛德的头，微笑地问道。

"欢迎，非常欢迎！我们就盼着您来呢！"赛德和小伙伴赶紧将陈老师团团围住，兴高采烈地就将陈老师往教室里拽。

上课铃声响起，陈老师先问了大家一个问题："同学们，你们知道家里的钱是从哪里来的吗？"话音刚落，大家便纷纷高举起自己的小手。

美智抢先说道："我知道，钱是从树上长出来的，因为我们家有棵摇钱树。"

小华白了她一眼，低声说道："严肃点！""真的，我妈说我爸就是家里的摇钱树。"美智认真地解释道。

小明说："钱是爸爸妈妈每天辛辛苦苦上班挣来的。"

陈老师说："大家说的都对，但是又不全面。"

美智继续说："我爸爸周末在家用电脑办公，我问爸爸他在做什么的时候，爸爸说他在利用业余时间接点私活，赚点外快。"

陈老师说："回答得很好，你爸爸是在做兼职，这也是家庭的收入来源。"

小皓说："我妈妈炒股，每次股票涨了，她就很开心地带爸爸和我出去吃大餐。"

陈老师说："不错，你妈妈炒股一定很有经验，古时亦有圣人子贡'亿则屡中'。其实投资金融产品也是很好的收入来源。"

接着，陈老师便让同学们四人一组讨论并总结家庭其他的收入来源。

"我家的饮料瓶都存起来，定期卖给楼下收废品的爷爷，每次也能有几块钱的收入。""我哥在世界杯期间买足彩赚了3 000元。""我邻居征文比赛获一等奖，奖金300元。""王阿姨租住我们家的房子，租金是每月2 000元，而且是每半年支付一次，在每半年开始的第一个月内就需要支付该半年的租金。"

……

同学们你一言、我一语，议论纷纷，各抒己见。

畅所欲言

1. 文中都讨论了哪些家庭收入来源？

2. 你家的收入来源有哪些？

3. 你觉得，这些不同的收入来源有什么相同和不同呢？

不同收入来源的分类

陈老师继续引导大家思考："从本质特征上，这些收入来源可以怎么分类呢？"

看着同学们思考和迷茫的眼神，陈老师讲解道："家庭的收入可以分为两类：工资收入和投资收入。工资收入是以劳动报酬为主的收入，通俗地讲就是我们常说的工资，这一类收入最大的特征就是，只要停止工作，收入也就断了。投资收入是以投资收益为主的收入，通过投入资本获取回报，投资的钱仿佛自己会运动和增值，经常被幽默地称为'躺着就能赚钱'。其实家庭收入分类的方法不止这一种，我刚才所说的是为了抛砖引玉，你们还能想到哪些分类的方法呢？"

赛德思索了一会儿，站起来说道："家庭收入还可以分为主要收入和次要收入。租金、工资以及金额较大且稳定的收入等叫主要收入；而那些金额较小或很不稳定的叫次要收入。"

陈老师赞许地点点头，他在以前的系列课程中对赛德印象很深——这个孩子思维逻辑性强，喜欢思考，求知欲旺盛，知识面也很广，是个优

秀的可塑之才。陈老师夸赞道："赛德同学总结得很好。他说的内容事关家庭收入的'主次'，就是哪个来源更多，而且他还特别强调了稳定性，也就是能不能持续地、长期地、不变地有钱进来，而不是'凭运气'，一会儿在天上，一会儿在地下。"

突然间信息量有点大，同学们议论纷纷，若有所思，纷纷举手提问了一些家庭收入来源分类的问题，陈老师一一耐心地做出了解答。

畅所欲言

1. 你是怎么理解"投资收入"和"工资收入"的？

2. 你认同赛德说的家庭收入分类方法吗？为什么？你觉得还有哪些分类方法？

3. 哪些方法能形成最稳定的收入来源呢？哪些方法可以产生额外收入对家庭现金流进行很好的补充呢？有些来源是"靠不住"的，你能举个例吗？

4. 结合上一故事中的第2题，把你们家的收入来源进行分类，并和家人一起算一算，你们家不同类别的收入来源占比是多少？并进一步思考，你觉得这个占比合理吗？为什么？

财商知识点

◎ 收入来源　　　　◎ 收入占比

◎ 兼职　　　　　　◎ 生息资产

◎ 房租　　　　　　◎ 主要收入

◎ 工资收入　　　　◎ 次要收入

◎ 投资收入　　　　◎ 稳定性

第 **7** 课

家里的钱哪儿去了

> 由俭入奢易，由奢入俭难。
>
> ——司马光①

---

①司马光(1019—1086)，北宋政治家、史学家、文学家，著有《资治通鉴》《温国文正司马公文集》《稽古录》等。这句话出自司马光所写的散文作品《训俭示康》，这是司马光写给儿子司马康，教导他应该崇尚节俭的一篇家训。

身边的财商启示

今天上课时，赛德注意到同心小组的小伟似乎很失落和迷茫，心里觉得纳闷，因为昨天才听他讲，他这次数学考得很好，终于可以得到梦寐以求的歼20战斗机仿真模型了，这不应该是一件很高兴的事情吗？

下课后，赛德就问小伟是怎么回事。原来，在他昨晚迫不及待地把成绩告诉爸爸妈妈后，他们只是夸奖了小伟，并让他再接再厉，可完全没说兑现飞机模型承诺的事。后来小伟才从爸爸和妈妈在厨房里的对话中了解到，家里这个月拿不出这么多钱来买模型奖励他，那模型打折后也需要980元，实在太贵了。

昨晚上床后，小伟就一直在想：印象中爸爸和妈妈的工资似乎也不算太低，又不是要真飞机，怎么一个飞机模型都买不起，家里的钱都去哪儿了呢？

听到这里，赛德也觉得小伟提出的这个问题非常好，因为自己家也遇到过类似的情况。小朋友们，你们家也有过这样的时候吗？家里的钱，究竟去哪儿了呢？

初识"账本"

今天是31日,一个月又将结束。赛德写完作业,从卧室出来准备在客厅看动画片,却发现妈妈正坐在餐桌前,不停地按着家里那个古老的大按键计算器,还在一个本子上写写画画。赛德心里好奇了,难道妈妈也有作业?

"妈妈,你在做什么呀?"赛德凑到桌前问道。

"我在记账呢!你先别和妈妈说话,一会儿我又给记错了。"崇礼头也不抬地回答道。看着妈妈很认真、专心的样子,赛德不好再问什么,就仔细看了看妈妈做的"账":

2018年10月家庭支出记账本(单位:元)		
住		7号还房贷4 500
衣		11号赛德两件T恤 ¥199……
食	主食	5号猪肉 ¥15、白菜 ¥3.6、菜籽油 ¥30、豆腐 ¥2、胡萝卜 ¥4、水果 ¥12……
	零食	……
	外出就餐	……
日常用品		2号洗洁精 ¥5.5、洁厕剂 ¥6.8、抽纸一箱 ¥55.9……
交通费		……
教育、培训费		……
医疗费		……
人际交往费用		6号宏义参加喜宴份子钱 ¥400
其他		……
支出合计		¥16 800

看到妈妈终于放下了计算器，并长舒了一口气，赛德赶紧问："妈妈，什么是'账'啊？为什么你在上面记了那么多小事情？记这些东西有什么用呢？"

"关于'账'专业上的解释，可能要你爸爸来回答，但对于一个家庭而言，'账'一般是指我们家这个月的所有收入和开支。家里日常开支的事情虽说都是小事，但正因为是'小事'，很容易时间一长就记不住了，一个月下来，上半个月花了些什么钱，就完全不记得了。不说远了，就这个月，妈妈记的账都和银行里的钱对不上。你想想，如果不及时弄清楚，很久以后岂不就成一笔糊涂账啦？比如说，赛德，你知道这个月你一个人花了多少钱吗？"

赛德想了想说："钱肯定是花了，至于花了多少，还真不清楚呢！""妈妈要是告诉你，你一个人这个月就花了1 856.32元，你能想得起在哪里花的、怎么花的吗？"

"有那么多吗？我怎么感觉没花那么多呢？"赛德刚一说完，突然想起前几天同学小伟问的那个问题，意识到，原来妈妈记账是为了弄清楚"家里的钱都去哪儿了"呀，心里在想，我自己也要记记账，看看自己这些钱究竟是怎么花了的。

畅所欲言

1. "账"是什么？具体是怎么操作的？

2. 你觉得对于一个家庭而言，记账有无必要？为什么？你们家有记账的习惯么？

3. 你知道你自己一个月要花多少钱吗？都主要花在哪些地方了呢？

记账与对账

赛德在听完妈妈对为什么要记账的解释之后，又产生了一个新的疑问，如果记账时出了错怎么办呢？并没有"参考答案"可以给妈妈核对呀。这时，刚回家的爸爸从公文包里掏出一卷打印的纸说道："赛德看看这个是什么。"

赛德连忙凑近一看，好像也是一个账本的样子，但和妈妈之前做的不一样。宏义在一旁解释道："这是昨天从银行打印的流水账，和妈妈的账本可不一样。"

这时崇礼补充道："赛德，爸爸拿的是银行的流水账①，就是用来核对妈妈这本账的'参考答案'啦！"

随后宏义便和崇礼开始"对账"，经过仔细核对，找出了账目差异的原

①银行流水是指银行活期账户(包括活期存折和银行卡)的存取款交易记录。

因，原来是上个月崇礼修手机时，遗失了三条银行自动扣款的短信通知造成的。

赛德不禁在心里感慨，原来记账这么复杂，妈妈真是辛苦了。

畅所欲言

1. 你知道流水账和分类账的主要区别是什么吗？

2. 你或者你家人手机上的微信、支付宝也提供流水账，不妨找出来看看？

3. 如果你想大胆尝试下，还可以下载下来，用电脑上的Excel等软件进行分析，如按金额、项目和时间排序、计算占比等。

厚此薄彼？

学校里最近掀起一阵"滑板热"，小光在借了班上同学的滑板玩了两次之后，也特别想要一个属于自己的滑板。这天放学回家，小光趁着本次英语测验的成绩还不错，就在晚饭时提出他想买一个滑板的想法。妈妈听了之后说道："滑板可能要等等，咱们下个月再商量商量。"

小光低下头戳了戳自己碗里的饭没有说话，这时小光的弟弟捧着一个很漂亮的遥控汽车跑过来："哥哥、哥哥，你看，这是爸爸刚给我买的小汽车，你快吃完饭，和我一起玩！"小光偏头看了看，顿时感到一阵委屈："哼，你们就是偏心！给弟弟买那么漂亮的遥控汽车却不给我买个普通的滑板！"

小光爸爸连忙解释道："弟弟想要这个汽车很久了，这是弟弟这个月在幼儿园获得'乖乖宝贝'的奖励。这个月你补习班的费用已经超过2 000了，过两天还得带你爷爷奶奶上医院去做检查，我和你妈妈确实是拿不出多余的零花钱再给你买滑板了。等下个月咱们家一进账，爸爸就带你去挑滑板，但前提是你可得继续保持自己的学习成绩。"

讲到这，小光爸爸顿了顿，继续说道："小光，爸爸知道你是个聪明的孩子。你想想，如果你的成绩能更加稳定，不用再上补习班，就可以节约不少钱。到时候别说是滑板了，你节约下来的补习班费买滑板和大黄蜂模型都不是问题！"

小光想想也是，每个月各种补习班要花2 000多，确实可以买好多个高级的滑板了。"嗯，我也不想上补习班，既费钱又费时间。我一定把学习搞上去，节约的钱可以买好的滑板，节约的时间可以尽情玩。爸爸妈妈，如果我再考出好成绩，就不上补习班了，好不好？到时可一定要给我买滑板，说话算话，妈妈作证！"

爸爸妈妈说："真能这样，那是再好不过了，不说滑板，就是你梦想的电脑，说不定也不成问题了！"

小光终于高兴了，并且暗下决心，为了心爱的滑板，为了能有时间尽情玩耍，以后上课时一定不要再说话和开小差，把成绩提上去。吃完饭，小光教弟弟玩了10分钟遥控汽车，便赶紧做作业去了。

畅所欲言

1. 你觉得小光爸爸和妈妈"厚此薄彼"吗？为什么？

2. 你有过和小光类似的经历吗？当时是什么感受和想法？又是怎么处理的？

3. 你觉得怎么做才能在家庭里避免"厚此薄彼"的情况发生？

4. 你也上补习班吗？你觉得有必要上吗？你有什么更好的建议或想法吗？

财商知识点

◎ 记账　　　　　　　◎ 非日常开支

◎ 账本　　　　　　　◎ 糊涂账

◎ 流水账与分类账　　◎ 补习班

◎ 收支　　　　　　　◎ 补习费

◎ 日常开支　　　　　◎ 厚此薄彼

第8课

家庭收支计划

善治财者，养其所自来，而收其所有余。故用之不竭，而上下交足也。

—— 司马光

身边的财商启示

通过近期的学习，赛德对家庭收入和家庭支出及其特点也有了更全面的了解。例如，知道了收入可以分为投资收入和工作收入，或者主要收入和次要收入；支出可以分为必要支出和非必要支出，或者收益性支出和非收益性支出等。

现在，赛德又产生了新的疑问："爸爸之前说了，一个家庭需要花钱的地方很多。那我们家里的收入和支出，究竟哪个大呢？如果长期收支不等，会有什么问题吗？"

小朋友，你们家的收支情况又是怎样的呢？

财商故事会

神奇的财务指标

"瞧,孩子他爸,赛德又在研究'家庭收入与支出的关系'了。"崇礼轻声对坐在沙发上的宏义说道。看着赛德不时敲击键盘、不时做笔记的样子,宏义欣慰地笑了:"嘘,咱们别打扰他,看看他最后能研究出什么吧!"

几天后……

"妈妈!快来看啊!"赛德激动地喊道,"我发现了神奇的财务指标!"

"什么神奇指标?你又发现了啥?"崇礼边擦手边往赛德房间走。

"这里面学问可大着呢!"赛德望向挂钟,神秘地说,"时间来不及啦！先不告诉你，我先去找咏仁表哥啦！回来再跟你分享。"

为什么专程来找咏仁呢？因为平常都是咏仁回答赛德的疑问，这一次赛德终于有了咏仁也不知道的知识了。

"流动性比率？流动资产？……"咏仁看着赛德专程拿过来的那个表格，看到第一行就傻眼了。

指标名称	数学公式	财经意义	参考范围
流动性比率	流动性资产/月均支出	反映家庭财务结构抵御意外风险的能力	3～6
负债收入比率	家庭每月负债支出/当月收入	反映家庭日常债务负担情况与家庭生活水平	<35%
盈余比率	盈余比率=（当月收入－当月支出）/当月实际总收入	反映家庭开支情况和能够增添资产的能力	数值越大越好
投资比率	投资比率=投资资产/净资产	反映家庭资产的增值能力	<=50%

而赛德看着已经傻眼的咏仁，心里偷着乐但又故作镇定地给咏仁解释道："这可是衡量家庭收支关系的一个基础指标呢！理解这个指标的关键就是要理解什么是'流动性资产'。流动性资产指的就是在突发、紧急情况下能够迅速变现，也就是转变为现金，且价值损失还很小的资产，比如放在银行的活期存款。因此这个指标反映的就是家庭财务结构抵御意外风险的能力。"

听到这儿，咏仁有些明白了，于是说道："那这样的话，这个数值不是应该越高越好吗？怎么还有个'6'的上限呢？"

"哈哈，那是因为一般来说流动性高的资产，收益也比较低，比如纯粹的现金，收益为零，甚至还会贬值呢！"赛德得意地回答道。

"对哦！确实是这个道理！赛德，你真厉害！咦，不过为什么流动性高的资产，收益也低呢？"

"那个，嗯，那个我看资料都是这么说的，肯定就是啦！我们先看下一个指标吧，'负债收入比率'，这个指标更有意思！"被咏仁问到了一个自己也还不明白的问题，赛德有些心虚了，赶紧把话题转移开。"这个指标的数学公式是家庭每月债务支出/当月收入。因此，通过这个指标就可以判断家庭是不是'房奴''车奴'或其他某种'奴'呢！"

后面两个指标盈余比率和投资比率，赛德自己也不是太懂，怕说多了露馅，和表哥简单讨论了一下就赶紧回家了。

畅所欲言

1. 读完本则故事之后，你觉得为什么"流动性资产"能够防范意外风险？你们家有哪些流动性资产？

2. 根据前两个指标的讨论，查查资料后和家人、同学讨论下你对后两个指标"盈余比率"和"投资比率"的理解。

3. 根据负债收入比率的意义，谈谈为什么有时会称那些借钱买房的人为"房奴"？有时，还会有"车奴、卡奴、孩奴"等说法，你知道是什么意思吗？

4. 和家人一起算一算自己家的这几个指标，对照参考值和父母一起讨论下自己家的财务安排是否合理，以及应该注意的问题。

富人的"仁义"之道

挣钱之德在于义，用钱之德在于仁。这是五德财商的核心思想。

最近沉迷于看财经杂志的赛德，在了解了许多企业家的故事后也立志以后要成为有大量财富的企业家。但，富人是如何挣钱和花钱的呢？赛德百思不得其解，便向爸爸问起了富人的挣钱和用钱之道。

宏义很欣慰赛德有这样的想法，便给赛德上了一课，讲有钱人是如何挣钱、用钱的。

············

富人有着常人难以企及的收入，但是另一方面富人也需要承担更多的社会责任。例如，交高额的个人所得税，增加社会的就业，等等。电视里我们经常看到富人开着豪车、住着豪宅、过着精致的生活，但是这些可能只是他们用钱的一部分。

其实，大多数富人更注重金钱的使用效率。例如，使用大量的收入进行自我提升、健康投入，其目标都是提高个人用钱的效率。巴菲特就曾对此做过总结："最好的投资就是投资自己！"

宏义接着讲道："同时，富人在一些重要的投资项目上一定会十分慎重，会重点关注其收支结构。如何让支出更有效率，从而反过来促进收入增值，是他们一直思考的问题。其实，收支平衡非常重要，收大于支总会有闲置的资源浪费，闲钱不如拿来做投资；收小于支则就会有还不完的累累负债，甚至支出漏洞会越来越大，造成恶性循环。"

最后，宏义摸了摸赛德的头说："我们家的玩具厂现在处于初创期，各方面刚起步，所以现阶段我们家的支出会暂时超过收入。当收支不平衡的时候，要善于找到其中的原因。因此，不管是玩具厂还是家里的收支，我和你妈妈都会每月做账、查账并分析。"

回想起之前妈妈在家里做账的场景以及那次在商场买乐高玩具时妈妈对自己说的那些话，赛德不禁深思起来："既然我家现在出现了收支不平衡，那么我能做些什么呢？"

宏义似乎看穿了儿子的心思，便给他讲述了李嘉诚的故事："香港首富李嘉诚在事业成功之后，依然过着节俭的日子：一套西装他可以穿十年八年，一块表、一副眼镜也可以戴超过10年，皮鞋坏了他觉得扔掉可惜，补一补接着穿。平时饮食和员工一样在公司吃工作餐，身为地产大亨，他住的不是半山豪宅，而是1962年婚前购置的老房子……"

宏义的话还没说完，突然，赛德站起来奔向书桌，拿出纸笔写下了这样一行字：我的开支是否合理？我能减少支出变相地为家庭增加收入吗？

畅所欲言

1. 你觉得富人挣钱的方法有哪些？这些方法最核心的原理是什么？

2. 你觉得富人挣钱的方法要满足什么条件才能符合"义"的要求？

3. 你觉得"自我提升"与"健康投入"这类开支的意义是什么？你的日常生活中有没有"自我提升"和"健康投入"类似的开支？具体是什么？

4. 结合你对现实生活中的观察，你觉得在用钱上"富人"和"穷人"有什么区别？

财商知识点

- ◎ 资产
- ◎ 负债
- ◎ 财务指标
- ◎ 财务风险
- ◎ 收支平衡
- ◎ 流动性比率

- ◎ 投资比率
- ◎ 盈余比率
- ◎ 负债收入比率
- ◎ 流动性
- ◎ 盈利性
- ◎ 安全性

第三单元

家庭投资与保险

第 9 课

我是"富二代"还是"负二代"

富贵本无根，尽从勤里来。

—— 冯梦龙①

---

① 冯梦龙，号墨憨斋主人、顾曲散人、吴下词奴、姑苏词奴等，明代文学家、思想家、戏曲家。代表作品为《喻世明言》(又名《古今小说》)《警世通言》《醒世恒言》，合称"三言"。三言与明代凌濛初的《初刻拍案惊奇》《二刻拍案惊奇》合称"三言两拍"，是中国白话短篇小说的经典代表。

身边的财商启示

　　新学期，赛德班里转学来了一位新同学小峰。为了快速地融入新班级，和大家处好关系，这不，一下课他便从书包里拿出3盒高级进口巧克力分给了全班同学。

　　"哇，我在商场里看过这个巧克力的专柜，好像特别贵！我一直都没舍得买。"美智瞪大双眼说道。

　　小峰微微一笑："没什么，我家里有的是！美智同学，你要喜欢的话就多拿几块吧！大家也都过来拿吧！"

　　于是，大家纷纷围到新同学旁边七嘴八舌地说开了，从"贵族巧克力"一直聊到了新同学全身上下的国际名牌。赛德心想：看来新同学的家庭环境一定很好，可能是个"富二代"吧！

　　你在生活中遇到过或者听到过"富二代"吗？"富二代"通常是指能继承巨额财产的富家子女。其实，除了"富二代"，还有很多的"负二代"。

"负二代"是与"富二代"相对立的概念，是指那些不仅没有万贯家产可以继承，还要承担起父母遗留债务的子女。

同学们，在你们眼里"富二代"和"负二代"有什么特征呢？请向老师、同学说说你的想法、看法。

富爸爸还是穷爸爸

　　赛德最近看了一本书,叫作《富爸爸,穷爸爸》。书中关于资产与负债的说法让他既觉得新奇又觉得疑惑,于是便赶紧去向爸爸请教:"爸爸,什么是资产、什么是负债呢?"

　　宏义想了想说:"嗯?为什么突然对资产和负债这么关心?"

　　"我们班转来了一个新同学叫小峰,大家都说他是个'富二代',同学们都羡慕极了。我最近刚好在网上搜到了一本书叫《富爸爸,穷爸爸》,于是就专门去书店买了回来看,想知道你是不是个'富爸爸',而我是不是个'富二代'。但遇到了个问题,就是理解不了什么是'资产'、什么是'负债'"。说着,赛德把书递到了爸爸手里,继续说道:"好像弄不清这个问题,就分不清你究竟是'穷'还是'富'呢。"赛德边说,边向爸爸调皮地眨了眨眼。

　　看着赛德调皮的样子,宏义也笑着反问赛德道:"那你研究了半天,觉得我是个'穷爸爸'还是'富爸爸'呢?要是爸爸哪天真的很穷了,咱们家赛德是不是就不理我这个穷爸爸啦?"

　　赛德一听,赶紧解释道:"我只是想更了解家里的财务状况。不管爸爸穷还是富，这么爱我和妈妈的爸爸，都是我的好爸爸！"

宏义听到这里，欣慰地摸了摸赛德的头，然后把书打开，翻到资产和负债那段，对赛德讲道："这本书还不错，爸爸以前也看过。作者认为区分资产和负债的关键是看它增加了我们口袋里的钱，还是要把钱从口袋里拿走。这个理解和说法确实很独特。"

赛德点了点头，继续追问："那我们家的房子和车子是我们的资产吗？"

宏义接着说："我们家的房子是按揭买的，买的时候一共是200万元，首付付了30%，共60万元，剩下的部分我们每个月都要向银行还贷款。除此之外，我们家的房子并没有给我们带来其他收益，只会导致我们家的现金流出，所以根据罗伯特·清崎的理解，是负债。"

宏义喝了口茶，接着说道："至于我们家的车子，是前年我和你妈妈拿年终奖买的，不欠钱了。从这个意义上来讲，我们家的车子是资产；但车会从'新'变'旧'，不断贬值，后期还需要养护、维修，所以呀，也不是什么'省油的灯'。好在能带给我们方便，比如开车接你上下学、我们家一起出去玩等，也就是说，如果车子发挥的作用大于贬值和维护的成本，就可算是资产，否则，也是一种负债呢！"

听到这儿，赛德从爸爸的解释里大概明白了资产和负债的意思。这本书上在资产和负债这部分还谈到了"富人购买资产，穷人购买他们以为是资产的负债"，赛德觉得挺有深意，他决定再认真读读这本书，以后等自己长大了也争取做个"富爸爸"。

畅所欲言

1. 结合故事以及你自己的思考，你是如何理解资产与负债的？并以车子为例，思考一下你们家的车子是资产还是负债。

2. 有些收入不一定是现金，比如，开车比坐车节约的时间，我们在考虑时不能忽略这一部分。你还能举出类似的例子吗？

3. 你觉得你爸爸是个"富爸爸"还是"穷爸爸"呢？为什么？你觉得做爸爸与"穷"和"富"有关系吗？

4. 你们家现在的财富水平如何？与别人家的差距是怎么样的？在阅读了生活中的财商启示与本则故事之后，你觉得该如何看待自己家与别人家的财富差距？

一不小心负债了

自从在《富爸爸，穷爸爸》这本书了解资产和负债的区别后，赛德感觉大为受用，也有些小小的得意，便迫不及待地和同学们做了分享。

听完赛德的介绍后，美智立刻理解了，她喜滋滋地说道："我有一个叔叔，为了方便上下班，刚买了一辆新车。最近听说，叔叔在上下班途中和周末都会做业余的滴滴司机，用这辆新车去跑滴滴挣钱。"

"用新车去跑滴滴，为什么呀？"同学们疑惑地问道。

美智立刻解释："这辆车是贷款买的，每个月都要还钱。叔叔说业余时间开滴滴不仅可以把每个月要还的贷款挣出来，还能补贴每天的油钱呢。按你刚才的说法，我叔叔是不是把负债变成资产了呀！"

"对呀！那我家的房子、车子到底是资产还是负债呢？"同学们都开始纷纷讨论起来。

这时，小伟也在一旁说："我爸妈最近在商量着要跟亲戚们借点钱买一个我们小区的商铺。估计也是想着我们小区的租金比较高，租出去可以给我们家带来一些现金进账。我之前还想不明白，以为我爸妈准备自己开店呢！"

赛德应道："嗯，我觉得有可能。你爸妈这是要给你们家购置资产呢。这种算投资吧。不过这种借钱买铺，属于负债投资吧。"

小蓝说："借钱购置资产和借钱买东西一样吗？我妈妈最喜欢买包，每次出了新款，她都要买。这不，前几天才买了一个什么限量版包包。我爸爸和她吵了一架，说是家里没钱还买包。我妈说没花他的钱，是在手机App软件里借的。"

"对，我有个表哥也喜欢在App里借钱给女朋友买礼物，给自己买游戏设备。赛德，你懂得多，你觉得这算不算投资？"小亮紧紧盯着赛德问。

"嘿嘿，我都是从书本里知道的。小亮的表哥和小蓝的妈妈的这种行为属于借贷消费、负债消费。他们买的东西是消耗品，不是资产，因为不能带来净收入，所以是在增加负债呢!"

畅所欲言

1. 从美智的叙述中，你觉得她的叔叔是不是将负债转化为资产了呢？

2. 你觉得负债消费好吗？为什么？

3. 小伟父母借钱投资商铺，究竟是买入了资产还是负债，该如何判断呢？

4. 刷信用卡消费，表面上看"没花钱"，实际上如果不能按时足额还款，其利息是相当高的，常常达到18%以上，如果被罚息，将会更高。你能上网或打电话（号码通常就在信用卡的背面）查三家银行的信用卡利率是多少吗？并对比分析，如果被罚息，这三家银行的罚息利率又是多少呢？

财商知识点

◎ 资产　　　　　　◎ 负债

◎ 现金流　　　　　◎ 净现金流

◎ 贷款　　　　　　◎ 投资

◎ 信用卡　　　　　◎ 罚息

◎ 负债消费　　　　◎ 负债投资

◎ 富二代　　　　　◎ 负二代

第10课

家庭也要讲信用

人无信不立，业无信不兴，国无信则衰。

—— 老子①

---

①老子，姓李名耳，春秋末期人。中国古代思想家、哲学家、文学家和史学家，道家学派创始人和主要代表人物。主要著作《道德经》，是中国历史上最伟大的名著之一，对传统哲学、科学、政治、宗教等产生了深刻影响，文意深奥，包涵广博。

身边的财商启示

今天的历史课上，赛德学了"烽火①戏诸侯"的故事，讲的是周幽王为了博得褒姒（bāo sì）一笑而不惜点燃狼烟，假报军情。后来，当犬戎（róng）②前来攻打镐（hào）京时，周幽王再以烽火传递信息向诸侯求救，却再没有一个诸侯前来相助。最后周幽王和褒姒双双被杀，落了个国破身亡。

宏义在得知赛德学了"烽火戏诸侯"的故事之后，问赛德是否还记得《狼来了》的故事。

赛德当然记得啦，还现场给爸爸简单叙述了故事的主要内容：一个放羊娃经常用狼来了去捉弄他人，让大家都放下手中的活儿去救他。被骗多次后，村民都不再信任他。当有一天，狼真的来了，他大声呼喊村民去救他的时候，村民都以为他又在捉弄他们，没有一个人去救他。最后，他的许多羊都被狼咬死了。

赛德叙述完后，宏义进一步问他："那这两个故事背后，有什么相同的道理吗？"

---

①烽火，古时发现敌人入侵时，用于传递紧急信号的大火和浓烟。
②犬戎，古代部落名，古代活跃于今陕、甘一带。

聪明的赛德一下子就想到了："撒谎、不诚实、不讲信用终会害人害己！"

听完赛德的总结，宏义点了点头表示认可，感叹道："确实如此！普通人的信用直接关乎其自身的生命和财产安全，而君王的信用则可能决定国家的存亡。"

亲爱的同学们，信用对个人如此重要，对国家也如此重要，那对我们的家庭也会如此重要吗？重要的地方又有哪些呢？

信用多珍贵

中午休息时，赛德正和小伙伴们下棋，突然听到美智指着小蓝说："你不讲信用，我妈妈说了，不能借钱给不守信用的人。"感受到来自四面八方的关注，小蓝憋红了脸，急得眼泪都掉下来了。

原来，小蓝想向美智借钱但被拒绝了。据说上个月小蓝就向美智借了钱，但是后来没按约定的时间还给美智。所以，小蓝今天再向美智借钱，虽然答应下周就还，但美智还是拒绝了小蓝。

"小蓝应该是忘了。下次就会还的，都是同学嘛。"

"不就几块钱吗？也没必要这么大声地拒绝别人嘛！"一部分同学站在小蓝一边，纷纷劝美智。

"一个人的信用非常重要，不能仅仅因为是几块钱就放弃原则。"

"美智做得对！我们应该从小学会遵守信用，长大了才懂得讲诚信。"也有一部分同学支持美智。

于是，教室里面吵开了，大家各持己见。老师听说后，走进了教室，安慰了小蓝和美智。

"同学们先不着急，'狼来了'的故事大家都知道，想再听老师讲一个真实的故事吗？"

一听有新故事，而且还是真实的，原本嘈杂的教室瞬间安静了下来。老师便继续讲道："有个小伙子叫作大明，他和我们生活在同一个城市，近期正准备买新房结婚。两个年轻人看了很多新房，好不容易才选到一套两人都满意的房子，然后来到银行，准备申请按揭贷款①买房，却被银行告知不能给他们发放贷款。这个消息犹如晴天霹雳，一下子就把两人对未来美好生活的憧憬给吓没了。孩子们，你们知道为什么银行不能给他们发放贷款吗？"

学生们纷纷猜测，是不是这家人做了什么坏事，又或者他们家没钱。老师摇了摇头继续说："他们不是坏人，却办了一件错事。大明在大学期间用钱缺乏计划，不仅花光了家里给的生活费，偶尔还会用信用卡透支消费，并且经常不按期偿还信用卡的欠款，其中有两笔至今未还。虽然钱的数额不大，但是他已经被加进了信用'黑名单'。所以，他既不能按揭贷款买房，也不能坐飞机、高铁。"

"大明在进一步了解情况后，赶紧还清了信用卡的欠款。通过说明情况、重新申请、信贷评估，花了近半年才让银行重新接受了他们的贷款申请，可那套满意的房子早已被其他人买走了。为此，大明的女朋友和他闹了好一阵别扭。"

"大家看，信用多珍贵啊！不注意自己的信用，不仅会给自己带来麻

---

① 按揭贷款，是指以按揭方式进行的一种贷款业务。

烦，说不定还会造成家庭的大麻烦呢！"

赛德和同学们纷纷点头。小蓝涨红了脸，还是鼓足勇气当着全班同学说："对不起，是我自己没讲信用。现在我知道信用有多珍贵了。从今天开始，我不买雪糕了，我会把钱先存起来来还给美智，请美智同学原谅我！"

美智听到这里，也觉得有点不好意思，过去拥抱了小蓝，轻声告诉她："我也不该大声嚷嚷，你也要原谅我！"

畅所欲言

1. 如果你是美智，小蓝之前向你借过钱但没还，现在又向你借钱，你会如何去处理？为什么？

2. 如果家庭失去了从银行获得贷款的机会，你觉得这会对家庭有怎样的影响？

3. 结合你的实际观察或者感受，谈谈信用对于个人和家庭的影响。最好能举例进行阐述。

4. 你知道我国的个人征信系统有哪些用途吗？请动手查一查。

曾子杀猪

　　有一天，曾子①的妻子准备去赶集，孩子哭着追着母亲也要跟着去。由于孩子哭闹不止，妻子就许诺孩子赶集回来杀猪给他做好吃的。妻子从集市上回来后，发现曾子正在捉那只还没长大的猪准备杀，妻子连忙阻止道："我不过是哄哄小孩子，说着玩儿的，不是真的要杀猪给他吃。那猪正在长，现在杀了太可惜了。"

　　曾子却说："做家长的在孩子面前是不能撒谎的，更不能哄骗孩子。孩子年幼不懂事，凡事都跟着父母学，听父母的教导。现在你哄骗他，就是在教他骗人。而且父母如果骗孩子，孩子怎么可能再相信我们呢？这样一来，我们就很难再教育好孩子了。"于是曾子就把猪杀了。

　　家庭信誉是家庭的无形资产，在孩子的信任和一头猪之间，曾子做出了他的选择。如果你是曾子，你会这样做吗？

---

①曾子，名参(shēn)，字子舆，春秋末年鲁国人。是中国著名的思想家，孔子的晚期弟子之一，参与编写了《论语》，写了《大学》《孝经》《曾子十篇》等作品，被后世尊奉为"宗圣"。

畅所欲言

1. 你是否有过父母失信于你的经历呢？你当时的感受和想法是什么？你是否又有失信于父母的经历呢？你当时的感受和想法又是什么？

2. 有人讲"家人之间，不必那么当真，可以更随意一些"，你对这句话是如何理解的？

3. 在读了本课的所有故事之后，请谈谈你对"家庭信用"的理解。

财商知识点

◎ 信用　　　　　　　　　　　◎ 家庭信用

◎ 家庭内部信用　　　　　　　◎ 家庭经济信用

◎ 无形资产　　　　　　　　　◎ 借贷市场

◎ 按揭贷款　　　　　　　　　◎ 个人征信系统

◎ 信用黑名单（失信人员名单）　◎ 信用卡

第课

家庭投资计划

因天下之力，以生天下之财；取天下之财，以供天下之费。

—— 王安石①

---

①王安石，字介甫，号半山，宋抚州临川人，北宋著名思想家、政治家、文学家、改革家。

身边的财商启示

通过这一段时间的财商课学习，赛德开始对经济、金融特别感兴趣，因此闲暇时间也会跟着爸爸看一些财经新闻。

刚才，赛德在报纸上得知，2018年度的诺贝尔经济学奖颁发给了威廉·诺德豪斯（William D. Nordhaus）和保罗·罗默（Paul M. Romer），因为他们对创新、气候和经济增长的研究做出了巨大的贡献。他们所提出的内生经济增长理论、知识溢出研究，不仅为新的经济增长模式提供了指导，也为如何增进人们的财商奠定了经济学基础。

"内生增长是什么呀？它和'知识溢出'究竟又有什么关系？"赛德歪着小脑袋想了又想，还是不太理解，便一溜小跑推开了宏义的房门。

宏义告诉他："在早期的经济研究中，人们更多地关注有形物质对经济增长的重要性和贡献，但面临一个一直以来未解决的问题，就是在物理学上，质量和能量是守恒的，不可能产生增量，或者说，从物理学角度看，物质只能转换形式，并不能带来增量，这就与人们希望的'经济增长'相矛盾了。"

看着赛德似懂非懂的样子，宏义继续解释道："内生式的经济增长，也被称为'新经济增长理论'，认为知识才是经济增长重要的源泉，知识不仅是增长的原因，同时又是增长的结果，所以会与经济之间相互促进，从而导致经济的加速增长，就像发射火箭的前半个阶段，火箭发动机不断推动火箭加速、越来越快一样。"

赛德听到这里，问道："那以后的经济增长，岂不越来越快了？"

"是呀，事实也确实如此。你想想，为什么我们现在这个时代被称为'知识大爆炸'或'信息大爆炸'的时代？"

宏义接着说道："对了，赛德，说到诺贝尔奖，还有一个更有意思的现象，不知道你之前有没有关注到。这个奖，是1895年由瑞典著名化学家、硝化甘油炸药的发明人阿尔弗雷德·诺贝尔（Alfred Nobel）的部分遗产（3100万瑞典克朗）建立的，1901年的诺贝尔奖奖金数额为15万瑞典克朗，即相当于当时一位教授20年的工资。此后，奖金数额不断缩水，1902年、1903年为14万瑞典克朗，1923年降到了历史最低，只有11万瑞典克朗了，后来又逐步增加。1969年第一次颁发诺贝尔经济学奖时，奖金金额为37.5万瑞典克朗。而2018年诺贝尔经济学奖的资金则为900万瑞典克朗，如果算上其他诺贝尔奖，包括生理医学、物理学、化学等奖项，则全部奖金约为6 000万瑞典克朗。"

赛德听到这里疑惑了："这是怎么回事呢？早期越来越少，后来怎么又越来越多呢？这样多下去，以后他们哪里拿钱来发呢？会不会到时奖金发完了，诺贝尔奖就不再发了呢？"

宏义继续说道:"非常好的问题!原来,基金会的理事们在60多年前也注意到了这一点,就把当时剩下的1 000多万瑞典克朗银行存款转成资本,聘请专业人员投资股票和房地产,并争取到了各国对基金会投资的免税待遇,从而巧妙地运用了复利的方式,一举扭转了整个诺贝尔基金的命运。虽然不断颁发着越来越高的奖金,但基金总资产不仅没再减少,还增长到31亿瑞典克朗,也就是增长了100倍呢!"

投资的收益与风险

赛德自从知道了"发不完的诺贝尔奖"的故事后，便一直幻想着自己也能有用不完的钱。听说把钱存进银行会有利息，如果把压岁钱一直存下去，是不是会有很多很多的钱，那自己不是很快就变成富翁了吗？赛德越想越高兴，赶紧将这个主意告诉了表哥咏仁。

咏仁听完赛德的想法后哈哈大笑地说："银行利息是按照单利进行计息的，与复利是有差别的。你今年存100元，如果按照年利息3%计算的话，明年的利息是3元，就算你存了50年，本金加上所有的利息最多也就200多元。"

"啊？才200多？"赛德顿时感觉好失望。

咏仁安慰道："虽然靠存钱致富不太现实，不过把钱存进银行还是有好处的——风险很小，这笔钱虽然不会变很多，但至少非常安全。"

赛德听到这儿，心里好受了一点，便总结说道："这么看来，压岁钱放银行至少非常安全，只要有利息，钱就会越来越多。"

"表弟，你说的只是'数字'变多，还要看通货膨胀率和利率大小的比较。人们常说的一句话'钱越来越不值钱'背后的重要影响因素之一就是'通货膨胀'。比如，50元现在能买10包薯片，因为通货膨胀，5年后也许就只能买1包薯片了。世界上有些国家，比如津巴布韦，通货膨胀率太高以至于人人都是'亿万富豪'。人们买东西时，钱都不用数，而是称重量，在买一卷手纸的时候，用的钱比手纸还要重得多！"

赛德说："那要是除去通货膨胀率的影响，银行利息带来的收益太少了，感觉会越存越亏。有没有利率比存款高的其他投资呢？"

"当然有啊！"咏仁继续说道，"你可以拿钱去投资其他金融产品，如股票、债券、基金、期货，还有银行各种各样的理财产品。当然这些金融产品的风险与银行存款相比，就会高很多。"

"那是不是收益较高，风险也较高；收益较低，风险也比较低呢？就像银行利息非常低，但钱存银行非常安全，没什么风险。"听到这儿，赛德突然对收益与风险之间的关系敏感起来。

"你分析得有道理，不过收益与风险的关系非常复杂，没这么简单。不过有一点，那就是进行投资，一定要对收益和风险都进行评估才行，只可惜现在很多人投资只看收益，而忽略了背后的风险。"

听了咏仁表哥关于金融产品、投资收益、风险的分享后，赛德热烈而急切的梦想一夜成为大富翁的心情平复了许多。

咏仁最后说："我们都是学生，没必要现在考虑怎么挣钱。钱有可能通货膨胀贬值，但是人的能力不会。我们努力学习，让自己有充沛的知识和能力，无论世界怎么变化，都能在这个社会活得很好。与其现在愁着这一点点钱，还不如好好投资自己，就像那个诺贝尔奖得主说的，要学会'内生增长'，让自己变得更强大，才是最重要的，你说呢？"

赛德开心地点点头。回家后，赛德开始对金融进行学习，并请爸爸指导自己制订定个人压岁钱的投资计划。宏义看赛德这么努力，为了让他更好地了解投资问题，推荐了"股神"巴菲特的传记给他看，并特别提示他注意看为什么别人都不要的"垃圾股"却成了巴菲特的宝贝，而且给他带来了丰厚的利润。

畅所欲言

1. 你知道赛德表哥提到的"股票"和"债券"是什么吗？不妨动手查一查。

2. 根据对"最好的投资就是投资自己"这句话的理解，说说父母为什么总是希望我们"好好读书"呢。

3. 试着思考"内生经济增长理论"与保护环境的关系，并和老师、同学还有家人一起探讨、交流。

4. 作为财富的一种，钞票是可能贬值的，但有什么财富不会贬值？能不能举例说明？

5. 巴菲特投资的经验在于"价值被严重低估"的证券，你认为如何才能发现这些别人可能发现不了的"宝贝"？

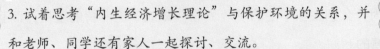 财商知识点

◎ 投资 　　　　◎ 利率

◎ 复利 　　　　◎ 通货膨胀

◎ 单利 　　　　◎ 收益

◎ 理财 　　　　◎ 风险

◎ 股票 　　　　◎ 低估

◎ 债券 　　　　◎ 内生增长

第**12**课

家庭风险与保险

保险意味着对家庭的责任。

—— 王石①

身边的财商启示

　　小区里有个李爷爷，特别喜欢赛德的机灵劲儿，经常和他打招呼，有时还会捏捏他的小脸蛋儿。李爷爷已经60多岁了，有稳定的退休金，再加上儿子有出息又孝顺，所以退休这几年过得很滋润：和老朋友一起去郊外钓鱼、公园打太极拳，陪着老伴儿去游览祖国的大好河山，甚至还出国旅行了一次，变得更有"国际范儿"了……

　　本来生活是如此顺心如意，却不料在李爷爷65岁生日这一天发生了一场意外：生日这天，一家人一起高高兴兴地去酒店为李爷爷贺寿，却不曾想家中失了火。虽经消防队及时扑救，无人受伤，但是家里的物品，家具、家电等却焚毁殆尽。刚好这一年李爷爷的孙子要去国外留学，需要一大笔钱，家里生活便立刻拮据起来。

　　这下子李爷爷焦急了起来，家里的东西都被烧了，一家人没了地方住，自己平日里尽想着"潇洒"，也没存下多少钱。临时租房、重新装修、购买家具家电，需要一大笔钱，而孙子出国要花的钱也不少。全家人都紧张起来，因为一时根本拿不出这么多钱来。

　　所谓"天有不测风云"，每个家庭都可能面临各种各样的风险，李爷爷一家以前对风险毫无防范，现在便必须面对这两难的选择：要送孙子出国，自己一家人就"无家可归"；要重新装修烧过的房子，则孙子的出国留学计划就得泡汤。这可怎么办才好呀？

居安也要思危

　　赛德的爸爸宏义最近红光满面，走路带风。因为他的玩具厂已经渐渐走上了正轨，公司有了盈利，家里的经济状况也改善了很多。

　　晚餐时间，崇礼对宏义说："以前家里经济条件不好，所有的钱都用在咱们创办的玩具厂上，所以没有提醒你买保险。现在玩具厂能赚钱了，咱们也得抓紧去买份保险，尤其是你最应该买。"

　　宏义不以为然地回答道："我们家人人都很健康，我也正当壮年，而且房子车子都是新的，买保险唯一的用处就是把钱白送给保险公司。"

　　听了宏义的回答，崇礼继续解释道："常言道'居安思危，有备无患'。你现在是我们家的顶梁柱、家里的主要经济来源，万一生个病或者发生点什么意外，谁能说得清？到时候咱家怎么办？"

　　宏义辩解说："崇礼，我还年轻着呢，生什么病啊！别担心了，我平时开车小心点，早点回家就是了。"

　　感觉宏义有些不听劝，崇礼有些着急了："一个家庭要在平顺的时候未雨绸缪，才好应对未来的风险。你现在身体是挺好的，可你能保证永远都不会生病吗？家里用火、用电、用车，你能保证就不会有意外发生？你看上周隔壁李爷爷家发生的事情，谁能想到家里会在他们外出庆生的时候意外失火？谁能说得清天灾人祸什么时候发生？到时候我们一家老老小小怎么办？"说完，崇礼的眼睛都有些红了。

宏义终于被说服了，答应第二天就去保险公司咨询各种可能适用的保险。

畅所欲言

1. 在读了本则故事和本课的财商启示后，结合你在现实生活中的观察和思考，你觉得风险具有什么样的特点。

2. "居安思危，有备无患"这句话源自春秋《左传》，你对这句话是如何理解和看待的？

3. 你觉得崇礼为什么说宏义"最"应该买一份保险？据此请谈一谈在家庭成员当中，谁最应该受到保险的"保护"，为什么？

4. 你们家买保险了吗？都买了哪些保险？

马蹄钉与帝国兴衰

1485年秋，为争夺英国的王权，理查三世①与亨利伯爵展开了最后的较量。理查三世主动出击，占尽优势。战场上风云变幻，突然，理查三世的战马一个趔趄将他重重摔下马来，顿时军心大乱。亨利伯爵趁势大举反攻，一举夺得了王权。

原来，决战前夕，马夫在给理查三世的战马更换铁掌时，少钉了一枚钉子。就在发起总攻的关键时刻，那只铁掌正好脱落了，从而导致理查三世的战马失蹄，摔倒在地。

战马少了一枚蹄钉，看来是微不足道的小事，却导致了一顶王冠易主，改写了一个国家的历史。这则故事也引申出一条著名的英格兰谚语：丢失一枚钉子，坏了一只蹄铁；坏了一只蹄铁，折了一匹战马；折了一匹战马，伤了一位骑士；伤了一位骑士，输了一场战斗；输了一场战斗，亡了一个帝国。

一个小小的意外事件，有可能会带来严重的后果。在我们国家，也有很多关于风险防范的故事和成语流传下来，如防微杜渐、未雨绸缪、以防万一、防患于未然等。这都是在告诫人们，在未知的风险真正来临之前，就应该有意识地去防范和做相应的准备，这样才可以消除更大的隐患。而不是等

---

①理查三世，英格兰国王，1483–1485年在位。理查三世是约克王朝的末代国王，也是金雀花王朝的最后一位国王。在位期间成就斐然，建立了一套完善的法律援助体系和保释制度，在当时的地区受到广泛的爱戴。

风险事件爆发之后再去做应对，这时已经来不及了。

　　每个家庭都有老人和小孩，有房、有车，有些还有宠物，我们只有正确地认识家庭风险，做好风险防范，才能让我们的家庭永远幸福。

畅所欲言

1. 和家人、同学一起探讨，对于一个家庭而言，需要防范的风险有哪些？针对不同的风险，有不同的保险措施。你知道这些风险对应的保险叫什么吗？

2. 除了购买保险，你还知道哪些防范风险的方法？

3. 有些风险，如战争、地震等大型灾难事件是没法投保的，你知道为什么吗？

财商知识点

◎ 家庭风险　　　　◎ 保险

◎ 巨灾　　　　　　◎ 居安思危

◎ 防微杜渐　　　　◎ 商业保险

◎ 社会保险　　　　◎ 财产保险

◎ 人身保险　　　　◎ 医疗保险

第四单元

家庭财富的传承

第 **13** 课

富不过三代?

> 君子之泽，五世而斩；天子之庙，七世而祧（tiāo）。
>
> —— 孟子①

---

① 孟子（约公元前372—公元前289），名轲，战国时期邹国（今山东邹城市）人。战国时期著名的哲学家、思想家、政治家、教育家，儒家学派的代表人物之一，地位仅次于孔子，被称为"亚圣"，与孔子并称"孔孟"。

身边的财商启示

今天的财商课，陈老师带着大家学习了一课新内容——《心目中的富人》，进一步探讨了物质财富与精神财富的关系。结束后，大家便热烈地讨论起了谁是世界首富，有说是比尔·盖茨的，有说是贝佐斯的，也有说是李嘉诚的。突然有同学说，那谁知道"世界首败"，或者说是世界第一"败家仔"呢？

这一问，还真把同学们都镇住了，平时大家都喜欢讲谁是首富，不太关注"首败"。那个提问的同学说，只记得那个首败是巴西人，具体名字和情况记不清楚了。

赛德回家，写完作业后开始在电脑上查了起来，原来这个第一"败家子"叫若热·贵诺，他的父亲从一贫如洗，奋斗一生在20世纪40年代成为巴西首富，留给了他20亿美元（相当于现在600亿美元）的财产。然而他却没有继承父亲勤俭持家的传统和努力拼搏的精神，而是大肆挥霍，最后到了晚年，曾经的大富豪只能靠政府微薄的失业救济金生活。

看到这里，赛德想不明白了，20亿美元，如果进行投资，年利率按5%来计算的话，一年利息就有1 000万美元（相当于现在的3亿美元）。这么多钱怎么能全部花完，而且最后还要靠政府来救济？

赛德左思右想，还是觉得不可思议，就去找妈妈讨论。崇礼听了他讲的"世界第一败"的故事后，笑笑说："比这更厉害的败家仔也是有的呢。比如，秦二世而亡、刘禅乐不思蜀，败的可是'江山'或'天下'。世界拳王泰森也曾经有4亿美元的财富，宣布退役时却欠债高达4 000万美元！"

赛德睁大了眼睛盯着妈妈，似乎才突然发现，世界上还有这样的事。崇礼继续说道："你今天问的其实是个家庭传承的问题。中国自古就有'道德传家，十代以上；耕读传家次之，诗书传家又次之；富贵传家，不过三代'的说法。那么，我们应如何学习前辈的优良传统和持家、治国之道，才能打破'富不过三代'的魔咒呢？"

"富二代"也不容易

　　赛德的"富二代"新同学——小峰最近没来上学。同学们议论纷纷，有的说他去旅游了，有的说他家出事了，也有的说他出国读书了。最后，老师告诉大家说小峰请了假，最近都不会来上课。

　　作为班长的赛德和学习委员美智有些担心，便约好放学后一起去小峰家里探望他。

　　"叮咚"，门铃声响起，小峰家花园的大门缓缓打开。映入眼帘的是气派的别墅，"赛德，小峰家真的好有钱啊！"美智不禁小声地感叹起来。

　　走进别墅，一个工作人员带着赛德和美智来到楼上一个房间。看着端坐在钢琴前的小峰，赛德惊讶地问道："咦？你没生病怎么没来上课呢？我们还以为你是因为生病才请的假呢。"

　　"对呀，所以我和赛德特意来看望你。"美智也是一脸疑惑不解。

　　小峰哈哈大笑道："谢谢赛德、美智，谢谢你们的关心！你们不用担心，我最近要参加一个国际钢琴比赛，正在家里集训，所以才没去学校的。

我老爸老妈怕我以后不学无术，当纨绔子弟，把他们家产败光了，所以给我找了好多个家教，不去学校也能学习的。"

　　"哦，看来你父母对你期望很高呀。行，你没生病就好！"赛德悬着的心终于放了下来，"那，我和美智就先走了，你不用送了，抓紧时间练琴吧！"赛德和美智谢绝了小峰妈妈的挽留，回到了各自的家中。

　　赛德在回家的路上想起小峰家气派的别墅和在别墅中专注练琴的小峰，不禁疑惑了：小峰家里这么有钱，他为什么还这么努力？不是有这么好的房子、车子和用不完的钱吗？小峰的爸爸妈妈为什么对他这么严格呢？

回到家后，赛德便忍不住就心里的疑问和爸爸宏义交流了起来，却得到爸爸的一句感慨："穷人要想变得富有很难，富人要想变得贫穷却非常容易。你发现了吗？真正有修养的富人，正在积极行动，让自己变得更好，以避免'变穷'。别人那么成功了，还这么努力，我们有什么理由不努力呢？"

看着赛德疑惑不解的双眼，宏义继续解释道："世上没有永远用不完的钱。富人看上去很有钱，可他们也面临巨大的风险，比如投资失误、经营失败等，这些问题不仅会直接导致经济上的损失，甚至还可能引发官司而坐牢。而要避免这些风险，富人就必须不断地提升、充实和丰富自己，以避免犯错。否则，就像世界第一败家子若热·贵诺那样，真就富不过三代了。"

"这方面，也有许多成功的例子，比如建筑大师贝聿铭先生的家族，就是一个典型的例子。"宏义继续说道，"贝聿铭被尊称为'世界现代建筑最后的大师'，代表建筑有中国香山饭店、苏州博物馆、约翰肯尼迪图书馆、法国巴黎卢浮宫扩建工程和伊斯兰艺术博物馆等。他们家族不仅摆脱了'富不过三代'的魔咒，还将家族财富传承到了第十五代。"。

"也许，贝润生先生'以产遗子孙，不如以德遗子孙；以独有之产遗子孙，不如以公有之产遗子孙'的教诲，正是他们家长盛不衰的秘密吧。"

听完爸爸的介绍，赛德心想"富二代"也不好当呀！真是应了那句话，"财富越多，责任越大"。原来，有钱人的生活，并不是想象中的轻松。相反，有好多有钱人也格外努力，对自己有着更高的要求，真是"别人不仅比你有钱，而且比你还要努力"。

畅所欲言

 1. 你觉得小峰的爸爸和妈妈为什么对小峰有如此高的期待和要求？

2. 根据赛德爸爸宏义的回答并结合自身的实际经验，试着去总结一下由富变穷的原因有哪些。并结合对本则故事的理解，和家人、同学一起讨论，对一个家庭而言，怎样才能冲破"富不过三代"的魔咒。

3. 结合对本则故事的理解，和家人、同学一起讨论，该如何理解"财富越大，责任越大"这句话。

4. 如何看待"别人不仅比你有钱，而且比你还要努力"的现象，这对你自己有什么启发？

5. 你如何理解"以产遗子孙，不如以德遗子孙；以独有之产遗子孙，不如以公有之产遗子孙"这句话？

财商知识点

◎ 家庭传承   ◎ 道德传家

◎ 耕读传家   ◎ 诗书传家

◎ 富不过三代   ◎ 白手起家

◎ 独有之产   ◎ 公有之产

◎ 传承和创新

第14课

传家宝都是些怎样的宝

吾不望代代得富贵，但愿代代有秀才。秀才者，读书之种子也，世家之招牌也，礼义之旗帜也。

　　　　　　　　　　　　　　——曾国藩①

---

①曾国藩，字伯涵，宗圣曾子七十世孙。中国近代政治家、战略家、理学家、文学家，湘军的创立者和统帅。

身边的财商启示

周末的中午，赛德刚做完数学作业，听到手机响了一声，拿起来一看，是班里一位同学转发的文章，大意是说，温家宝总理2005年去医院看望病中的钱学森先生时，钱学森先生问了总理一个问题："为什么我们的学校总是培养不出杰出的人才？"

赛德觉得这是个很有深意的问题，就拿着手机去找爸爸交流。宏义看了信息内容后，十分感慨地说："是呀，这确实是个好问题，重要的问题，也是个关键的问题。钱老不容易呀，重病在床，考虑的仍然是如何为祖国的未来培养人才。"

"要正面回答这个问题，确实很难。不过，如果我们好好研究一下，为什么有些家族特别能出人才，也许有些启发。"

赛德一听，觉得爸爸这个主意好，举起两个大拇指对爸爸说："姜真的还是老的辣呀！"

"近代爱国救亡人士、著名思想家梁启超①家族就可以称得上这方面的典型代表，梁启超先生有九个子女，人人成才、各有所长，被世人誉为'一门三院士，九子皆才俊'。"

"比如，梁思顺，长女，诗词研究专家、中央文史馆馆员；梁思成，长子，著名建筑学家、中央研究院院士、中国科学院学部委员；梁思永，次子，著名考古学家、中央研究院院士、中国科学院考古研究所副所长；梁思忠，三子，西点军校毕业，参与淞沪抗战；梁思庄，次女，北京大学图书馆副馆长、著名图书馆学家；梁思达，四子，经济学家，与人合著《中国近代经济史》；梁思懿，三女，著名社会活动家；梁思宁，四女，早年就读南开大学，后投奔新四军参加革命；梁思礼，五子，火箭控制系统专家、中国科学院院士。"

---

①梁启超(1873—1929)，字卓如，号任公，又号饮冰室主人、饮冰子、中国之新民等，广东新会人，中国近代著名思想家、文学家、学者，戊戌维新运动领袖之一，著有《清代学术概论》《中国历史研究法》《中国近三百年学术史》等，其著作合编为《饮冰室合集》。

赛德听后，佩服之至，宏义继续告诉他："梁家并没有成文的家规家训，梁启超早年把孩子们送往外地、国外学习，共给他们写了400余封家书，以言传身教的方式将一生不变的家国情怀，融入了几代梁氏后人的血脉。梁氏9个子女有7个留学海外，皆学有所成，却无一例外都回到祖国，参与建设。同时，钱学森先生自己的家族，也不比梁启超家族逊色，他们家族自身的成功，可作为对他这一问题的最好回答。"

是什么确保了梁家和钱家代代有能人、世世有美誉呢？是梁氏家族的遗传基因好，还是有什么特别的"传家之宝"？这又成了困扰赛德的新问题。

我家的家规

赛德最近总是在唉声叹气，精神不佳。

为此，承信、美智周末专程到他家来陪伴和安慰他。刚到赛德家，就听见赛德的爷爷在教训赛德的爸爸宏义，两个小孩子赶紧躲到了赛德的房间说悄悄话。

"出什么事儿了？"美智关心地问道。

赛德低着头说："我爸周末带我去游戏厅玩赛车游戏，被爷爷一顿好骂。今天我在家看了一会儿电视，爷爷又批评了我。爸爸刚帮我辩解两句，这不，爷爷又开始说爸爸了。"

承信觉得非常不可思议："为什么不让打游戏、看电视？"

赛德说："我爷爷觉得打游戏、看电视就是荒废学业，将来要成败家子。所以在我爸爸小时候就定了家规：积极进取，不能玩物丧志。"

刚说完，赛德的爸爸宏义敲了敲门后走了进来，摸了摸赛德的头："我们家确实有这样的家规，所以爷爷老了也不打麻将、不赌钱。我小时候为了这个也没少挨训，但这确实让我专注学业和健康生活，这才能从小城市来到大城市，并成家立业。现在玩具厂效益好了，就想着对赛德宠溺一些。不过爷爷批评得也对，'溺子等于杀子'。我不能只想着现在生活好，忘了赛德的未来。没有好的品德和才干，再多的钱给你，你也守不住。所以你也不要生爷爷的气了。"

赛德懂事地点了点头。

美智灵机一动说道："赛德，我家也有家规的。我奶奶说：女孩子一定要自立自强，多学本事，不要想着依靠别人。承信，你家呢？"

"也有的，"承信赶紧说，"我爸爸说，我家的男人要做顶天立地的男子汉，所以遇到困难不要怕，遇到伤心不能哭……还写在纸上，每年让我读一遍。哎呀，好多字儿啊！"

大家被承信逗乐了。

宏义接着说："你们都知道有两千年历史的钱氏家族吧。别看钱家已经传承了两千年了，现在都还有很多名人，比如你们熟知的钱学森，还有钱三强、钱伟长等。据说钱氏一家是五代时期吴越国国王钱镠(liú)的后代，后来钱家历朝历代皆有俊杰，出了很多状元和进士。还有著名的曾国藩家族，在曾国藩之后，两百年间未出一个败家子。"

美智不仅叹道："太厉害了，为什么？"

宏义说："因为有好的家族传承吧。比如，钱家就有个著名的家训——《钱氏家训》，总共才635字，但是家中人人遵守，不守家规家训的，还要被打板子，所以后人多是有出息的。

赛德说："好的，爸爸！我一定遵守家规家训。我现在就去找爷爷承认错误。"

畅所欲言

1. 你知道"家规"是什么意思吗？结合对本则故事的理解，你觉得家规对于一个家庭的发展有什么意义或者用处？

2. 通过本课的学习，你觉得一个家庭的传家宝有哪些？我们又该如何传承家里的传家宝呢？

3. 赛德家的家规之一是"积极进取，不能玩物丧志"，因此赛德的爷爷认为"打游戏、看电视就是荒废学业"，你认同这个看法吗，为什么？

4. 现代经济学中有门学科叫"注意力经济学"，其重要研究内容之一，是充分利用游戏过程中的"注意力"。请区分"不务正业"的游戏与"正业"的游戏有何不同。

5. 每个家庭都有独特的文化底蕴，你知道自己家的家规家训是什么？你又准备怎么传承和发扬呢？

财商知识点

◎ 精神财富

◎ 传家宝

◎ 家规、家训、家风

◎ 诗书传家

◎ 家族文化

◎ 传承与发扬

◎ 钱氏家训

◎ 梁启超家族

◎ 陈寅恪家族

◎ 李善人家族

第15课

物质财富如何传家

> 务本节用则国富，进贤使能则国强；兴学育才则国盛，交邻有道则国安。
>
> ——钱氏家训①

---

① 《钱氏家训》是2010年线装书局出版的图书，现代人张仲超整理，图书的内容是钱家先祖五代十国时期吴越国国王钱镠留给子孙的精神遗产，更是留给每个中国人的宝贵精神遗产。内容主要分为个人篇、家庭篇、社会篇、国家篇。

身边的财商启示

　　喜欢浏览财经新闻的赛德，今天看到一个题为"史上最'惨'的富二代"的资讯，立即被这个奇怪的标题吸引住了。仔细一看，原来是说韩国LG集团会长的儿子具光谟（mó），在2018年继承了其父亲在LG集团的88%股份后，共拥有LG集团15%的股份，市值15.5亿美元（约合人民币108亿元）。按韩国税法需要缴纳高昂的遗产税——约合人民币44亿元，成为韩国金额最高的遗产税。这个金额实在太大了，所以具光谟计划需要用5年的时间，来逐步缴清这笔遗产税。

　　看到这里，赛德突然想到，要是爸爸以后也给我留了一大笔财产，是不是也要交高昂的遗产税呢？便赶紧上网查了下，了解到当前在中国继承物质遗产时虽然不用缴纳遗产税，但在继承后出售资产时需要缴纳20%的所得税。不过，赛德在网上看到，许多人都认为我国也可能为遗产税立法，到时遗产税会有更加明确的缴纳规则。

最重要的遗产

近来，宏义的玩具厂兼并了附近的几家小厂，生意越做越大，甚至开始接国外的订单，把玩具卖到了国外，赚到不少钱。

一家人都喜气洋洋！

新学期开学后，赛德也更加努力了。他告诉爸爸，等到将来爸爸把财产传给他时，他会努力创造一个更辉煌的玩具帝国。

宏义笑着回答道："好孩子，你不做牙医啦？具体做什么，你自己慢慢选择吧。关于财产传承，其实有很多有意思的事情，比如你知道作为世界首富的比尔·盖茨为什么立下遗嘱把大部分钱捐了吗？"

"啊？为什么啊？"赛德大吃一惊。

"因为，美国的法律规定，继承遗产要缴纳50%的遗产税。比尔·盖茨的财富主要是微软公司的股票，他现有的股票市值500多亿美元。如果比尔·盖茨的孩子要继承遗产，就要缴纳250多亿美元的遗产税，可谁也没有那么多现金。如果抛售微软的股票得到现金，那么股价势必暴跌，这个公司就会垮掉。与其给孩子留下钱，还不如给孩子留一份慈善事业。所以，他就把钱都捐了。"

　　"不仅如此，"妈妈崇礼走了出来，"慈善基金可以不用缴税，比尔·盖茨的财产就能完整地保留了下来，还能保证子女的基本生活和慈善事业。当然，如果想要更好的东西，还是要自己努力的。"

　　赛德问："还可以这样做呀？！"

　　崇礼说："是的，除了慈善基金，还有信托基金、人寿保险等都可以合理避税，从而能留下更多的遗产。"

　　宏义说："赛德，物质财富再多，总有花完的一天。我和妈妈会留给你一份你永远也用不完的财富——我们家的精神财富。你只要坚持努力，即使我们留给你的钱不多，爸爸、妈妈也相信，你将来一定会事业有成的。"

　　赛德紧紧地抱住了爸爸和妈妈。

畅所欲言

 1. 请自行收集信息了解，并请教父母、老师，去探究保险是如何帮助我们合理避税，传承财富的？

2. 请在网上查询什么叫慈善基金和公益基金，如比尔及梅琳达·盖茨基金会是什么样的基金会？都做了哪些公益和慈善事业？

3. 除了比尔·盖茨，巴菲特、扎克伯格都立下遗嘱把大量遗产捐赠给慈善机构。在读了本则故事之后，你觉得他们为什么会这么做呢？

洛克菲勒家族：财富传承的秘密

 洛克菲勒家族是全球八大顶级家族之一，这是一个财富繁盛了6代的家族。除了对子女加强教育，这个家族还用了很多方法进行财富的传递。这里，让我们一起来探究洛克菲勒家族财富传承的秘密——家族信托。

洛克菲勒家族在19世纪从石油业起家，"石油大王"约翰·洛克菲勒是19世纪第一个亿万富翁。他去世后，儿子小洛克菲勒继承了大量的财富。巨额财富的光环给小洛克菲勒带来了巨大的压力，1913年的一场劳资冲突使得家族财富受到了严重的冲击。这件事情促使小洛克菲勒选择了以信托方式来传承家族财富。

小洛克菲勒作为委托人设立了不可撤销（除非受益人同意，信托协议不可以被更改或终止）的家族信托基金，受益人是小洛克菲勒的后代。

成年后，洛克菲勒的家族成员将会面临选择：从事家族事业还是去追求自己的爱好——不从事家族事业的人不能动用本金，只能享受收益；而选择接手家族事业（家族企业、家族慈善组织、家族办公室等），则可以在30岁以后，经过信托委员会的同意动用本金。他们将从较低的岗位做起，慢慢成为所在部门的管理者和领导者，并为家族创造更多的财富。合约还规定，受益人年满30岁前只有红利收入，不能取出本金。

家族信托的形式使洛克菲勒家族的资产在传承中作为整体发挥了规模优势，不会因为逐渐分割而减小，有效保证了家族企业的长远发展。同时，委托人把资产注入信托基金之后，在法律上就失去了资产的所有权和控制权，可以在法律上有效避税，把家族财富至少传至第四代。

除家族信托之外，洛克菲勒家族办公室（Family Office，FO）在洛克菲勒家族的财富传承中也起到了重要作用，提供了包括投资、法律、会计、家族事务、家族慈善、投资顾问等服务。相对独立运转的办公室，成为守护家族财富的有力工具，也是延续家族价值观、凝聚家族成员的重要基石。

小洛克菲勒还专门为公益事业设立了洛克菲勒捐赠基金，定期举行慈善活动。将积累的财富再用于民，帮扶贫弱、多行善事，这与中国传统文化的诗书传家有异曲同工之处，也铸就了洛克菲勒家族百年不衰的秘密。

畅所欲言

1. 请总结并概述洛克菲勒家族信托基金的运作原则是什么，你觉得这个原则的设立对于洛克菲勒家族财富的传承有什么作用？

2. 读了本则故事之后，你觉得家族办公室对家族财富的传承有什么作用？

财商知识点

◎ 物质财富传承   ◎ 遗产税

◎ 信托基金   ◎ 慈善基金

◎ 家族办公室   ◎ 合理避税

◎ 洛克菲勒家族

第16课

传承与责任

天下兴亡，匹夫有责。

————顾炎武①

---

①顾炎武(1613.7.15—1682.2.15)，汉族，明末清初杰出的思想家、经学家、史地学家和音韵学家，与黄宗羲、王夫之并称为明末清初"三大儒"。

身边的财商启示

这天，赛德正在预习课文，读到周恩来总理"为中华之崛起而读书"时，因不认识"崛"字，就顺口问了正在给他削苹果的妈妈。崇礼告诉他这个字的同时，也饶有兴趣地和他讲了这个故事，还顺带和赛德谈了"家"与"国"的许多典故。崇礼不愧是学历史的，众多人物事迹简直是信手拈来。只听她娓娓道来：

"中华民族历来讲究修身养性，家风传承和家国情怀。从家喻户晓的《朱子家训》《颜氏家训》《钱氏家训》《傅雷家书》《曾国藩家书》，到曾子杀彘（zhì），示儿不欺；孟母三迁，断杼教子；岳母刺字，精忠报国等，都是在讲如何通过修炼自己、建设家庭而报效国家。周总理能从小立下如此宏伟的志愿，也与我们传统文化的'家国情怀'密切相关。"

崇礼顿了顿，继续讲道："家庭和个人的财富，一方面是我们自己的，另一方面也是社会和国家的。财富的创造，固然有我们自己的勤劳和智慧，也同时凝聚着社会资源和他人的贡献。因此，我们在传承和使用财富时，也不能只顾及个人和自己的小家，更要顾及社会和大家。你对财富这么感兴趣，套用周总理的话，妈妈希望你能'为中华之富强而理财'，你看好不好？"

赛德连忙点头，响亮地回答道："好，为中华之富强而理财！"

财商故事会

我家的历史

赛德的爷爷80大寿，亲戚朋友欢聚一堂。大家围坐在老爷子身边，听他讲家族的故事。

爷爷原本是北方人，出生在书香门第，祖辈都是耕读世家。爷爷的爸爸致力于民族救亡运动，在抗日战争中牺牲了。战争年代，爷爷一家放弃财产举家南迁，家道一度中落，但爷爷从小听着英雄的故事，受着经典的滋润，刻苦读书，成了新中国早期的大学生，并参加了我国的"三线建设"，艰苦奋斗了一辈子，作为老工程师光荣退休。奶奶出生在中华人民共和国成立前夕，曾经饿过肚、下过乡、修过路，回城以后参加自学考试又读上了大学。

大伯和爸爸出生后，爷爷、奶奶节衣缩食也要给孩子们买书读。禁止孩子们玩物丧志，引导他们刻苦学习。后来，大伯成为大学教授而爸爸创业成功，堂哥堂姐都考上了名牌大学。如今退休在家，爷爷、奶奶又开始学习电脑和智能手机，已经能熟练使用微信和整个家族的人保持联系，甚至还能在家族群中和年轻人讨论炒股呢。

赛德听到祖辈、父辈的故事，感到热血沸腾："爷爷、奶奶、爸爸、大伯都好了不起啊！"

"赛德啊！"爷爷说，"你是我们家第三代中最小的，爷爷、奶奶虽然不像比尔·盖茨那样有钱，但可以把我们成长的故事讲给你听，把我们家的好传统、好习惯传承给你。对了，还记得上次爷爷凶巴巴地训你爸爸的样子吧？其实自从你爸爸成年后，爷爷再没这样训斥过他，但这事关赛德你的未来，而且玩物丧志在我们家也是坚决不允许的。所以呀，爷爷就是希望你能传承好家里的好习惯，认真读书学习并能独立思考，将来无论理想是什么，遇到任何困难也能坚持好好做下去。"

赛德不断点头："谢谢爷爷，我一定好好学习，"赛德边说边拍胸脯，"今天我才真的明白上次您训爸爸的原因以及背后的用心，我还从来没见过您那么凶呢。您今天讲的故事太棒了，我一定要把这些事讲给我的下一代听，我会告诉他们，我爷爷训斥我爸爸的时候，好凶哟！"

"我相信，在您的谆谆教导下，我亲爱的爸爸一定明白您的良苦用心。对吧，爸爸？"赛德调皮地冲着爸爸眨眨眼，全家都被赛德逗乐了。

畅所欲言

1. 你觉得为什么赛德爷爷在80大寿寿宴上为大家讲家庭历史的发展，家族人物发展的故事？

2. 你觉得赛德爷爷在家道中落的时候是如何坚持过来的呢？你觉得赛德爷爷、奶奶为什么在家境贫穷的时候，也要节衣缩食给孩子们买书读？

3. 不同家庭存在较大的财富差异，同一个家族也会因为时代或其他原因在不同的时间阶段产生较大的贫富差异。你是怎么看待这个问题的？

4. 你能从赛德一家的历史发展故事里总结出什么观点吗？你知道你们家的历史发展故事吗？请和老师、同学分享你们家的历史发展故事，并对你们家的精神与物质财富特征进行总结。

立言、立功与立德

《礼记·大学》①中云："古之欲明明德于天下者，先治其国；欲治其国者，先齐其家；欲齐其家者，先修其身；欲修其身者，先正其心；欲正其心者，先诚其意；欲诚其意者，先致其知，致知在格物。物格而后知至，知至而后意诚，意诚而后心正，心正而后身修，身修而后家齐，家齐而后国治，国治而后天下平。"

"修身齐家治国平天下"，这句话在现代仍然有其现实意义。每个人既有家庭责任，也有社会责任。只有每个家庭幸福，国家才能更加富强，"天下兴亡，匹夫有责"，只有我们人人都心系祖国，国家才能繁荣昌盛。

明朝时的王阳明，就是这样一个典型。他从小就立志成为一代圣贤，惠及天下。王阳明不仅继承了家学，而且通过自己"读万卷书、行万里路"，不仅能带兵打仗、平定叛乱，其文章也博大昌达，行墨间有俊爽之气。他精通儒家、道家、佛家，成了我国明代著名的思想家、文学家、哲学家和军事家，心学唯心主义集大成者。他没有停留于个人和家庭的提升，而是通过著书立说，惠及千秋，因此能与孔子、孟子、朱熹并称为孔、孟、朱、王"四大圣人"。

王阳明的学术思想不仅是我国历史上的一朵奇葩，更传到了日本、朝鲜半岛以及东南亚许多国家。从小立志于福报天下，以自己的所作所为立德，

①相传为孔子弟子曾子所作，唐代韩愈、李翱等把《大学》《中庸》看作与《孟子》《易经》同等重要的"经书"，宋代朱熹将《大学》《中庸》《论语》《孟子》并称"四书"。

以教育和著书立言，以智慧解国之所急而造福人民立功。这，才是真正的传承，在继承中学会扬弃、发展和发扬光大。

畅所欲言

1. 你认为立言、立功、立德之间是怎样的关系？

2. 你认为什么是家国情怀？家庭财富积累和国家富强有什么关系？

3. "天下兴亡，匹夫有责。"我们这代人的责任是什么？我们应该继承什么？发扬什么？

4. 你觉得王阳明传承给后代的是什么？为什么日本、韩国和东南亚一些国家都很尊重他？

财商知识点

- ◎ 家国情怀
- ◎ 传承与发扬
- ◎ 扬弃
- ◎ 财富差异
- ◎ 《朱子家训》
- ◎ 《傅雷家书》
- ◎ 孟母三迁
- ◎ 岳母刺字
- ◎ 为中华之崛起而读书
- ◎ 修身齐家治国平天下
- ◎ 天下兴亡，匹夫有责
- ◎ 知行合一